わんわんムサシのおしゃべり日記

山部ムサシ & 京子

文芸社

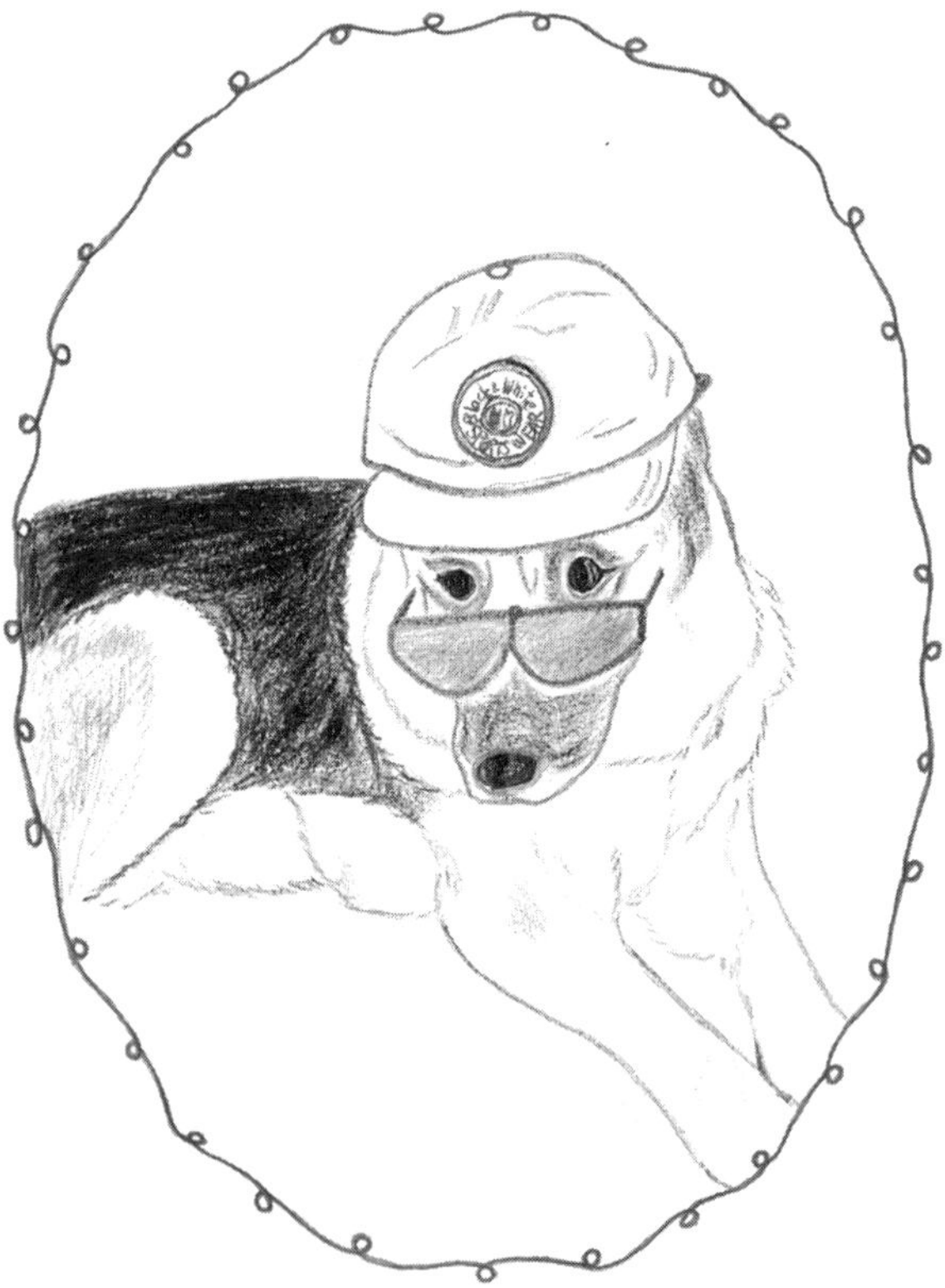

ぼくと日記のこと

1982. 8. 20.　愛知県豊橋市に生まれる
＜正式名：Unfried＞

同 10. 23.　パパさん＆ママさんと出会う♪
＜ムサシと名づけられる＞

1985. 秋　ママさんの代筆で
３才３カ月までの
日記をまとめる

1992. 夏　10才の記念に
日記を再編する

1994. 8. 30.　12才と10日で天命を全うする…

同　秋　日記の完結編を
ママさんが
手作り本にする

⇓　そして11年後

2005. 夏　新風舎から
正式に出版される

2008. 秋　文芸社から本書再版！

もくじ

わんわんムサシのおしゃべり日記

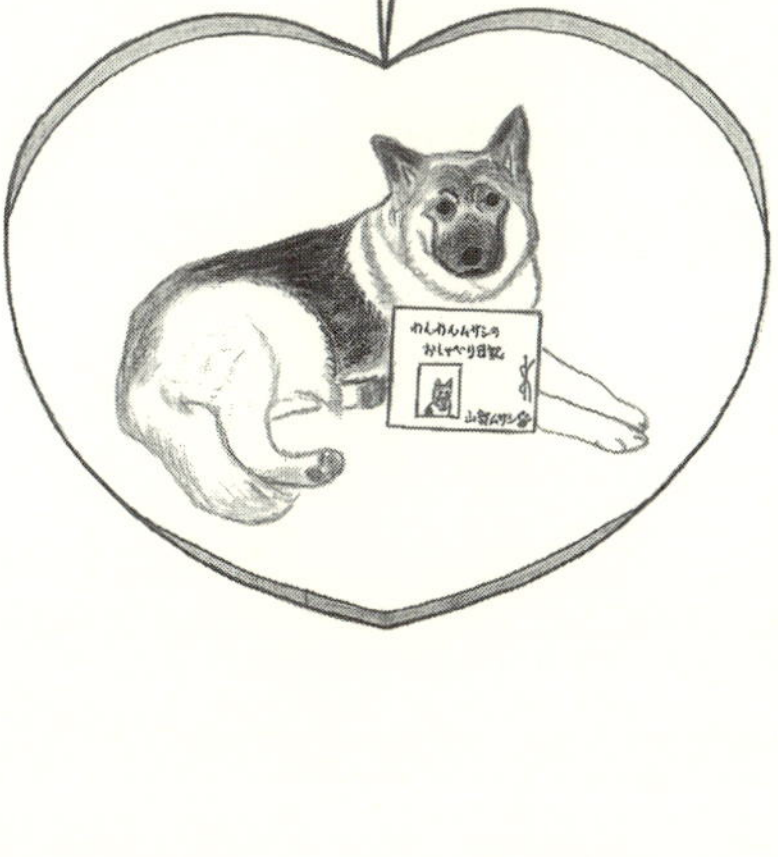

はじめに

ぼくの名前はムサシ。

由来は、かの有名な二刀流の達人、宮本武蔵であるという。

ぼくの育ての親のパパさんとママさんは、大の犬好きで、宮本武蔵の大ファン。

そんなわけで、ぼくを飼うずっと前から、「犬を飼ったら、ムサシという名にしましょう」と、決めていたそうである。犬としては、ちょっとかわった名前だが、ぼくはなかなか気に入っている。

とはいってもこれはいわゆる俗名で、血統書という難しい紙切れには、『Unfried vom Haus……』という御大層な正式名が載せられている。

生粋のシェパード犬のぼくには、この親しみのわかない名前と、第五代祖までにさかのぼる六十二頭の名前や資格などが、ラベルのようについてまわるのだ。

血統書を見たパパさんとママさんは、目をまるくして笑った。

「ワンちゃんたちの世界は古風ねえ」

そもそも血統書とは、人間たちの都合や好みに合わせて生み出された〝犬種〟の個性を守るための、一つの知恵だそうだ。なのに、中には虚栄心を満足させるためだけに、それを欲しがる飼い主もいるという。

まったく犬をバカにした話である。

ぼくたちの祖先は、もとは野生の狼やジャッカルだった。それが人間に親しみ、生活を共にするようになって以来、役立つ家畜としての機能をより充実させるため、様々な手を加えられて今日に至った。

「犬」と呼ばれるようになったぼくたちは、はじめに人間たちに誓った忠誠と愛情の灯を、今も、表面的な犬種を越えて、大事に引き継いでいる。

それは、たった五代ぽっちの史実では語り尽くすことのできない、長く尊い歴史である。

一匹の犬を心から慈しんでみてほしい。そうすれば、ぼくたちが長い道程の中で守り続けてきた小さな灯の輝きに、きっと気がついていただけると思う。

さて、ぼくたちの仲間には、厳しい訓練を経て、警察犬や盲導犬、麻薬捜査犬などとして活躍しているものもいる。たいへん誇らしいことだ。

でも、ぼくに用意された道はちがっていた。

「シェパードだからといって、必ずしも訓練犬にしなくたっていいじゃないか。できるだけのびのびと育てよう」

そんなパパさんとママさんの方針で、ぼくは最初から〝役立つ犬〟としてではなく〝家族の一員〟としてのみ、この家に迎え入れられた。

訓練犬にしないなんてもったいない、と忠告してくれた人もいたそうだが、エリート教育ばかりがベストとは限らない。

が、「のびのび＝野放し」でいいということではない。この世は絶対的な人間社会。時には、犬の正義感がじゃまになることだってある。

特殊な訓練は別にしても、〝しつけ〟という手段を通して、人間社会への順応の仕方を教えてもらわなければ、犬の方も暮らしにくくなってしまうのだ。

パパさんとママさんは話し合った。

「よその人に迷惑をかけないように、最低限のしつけだけは、しっかりしよう」

「そうね、あとは、できるだけムサシの気持ちを尊重しましょう」

はたしてその理想と現実は……？

数々の失敗や事件を起こしながらの、二人と一匹の泣き笑いの成長記。

よろしければ、ご一緒にどうぞ。

1、出会い

その日は土曜日だった。

十月半ば。季節は秋の中扉をたたき、紫にけむる雑木林の山々が、親しげにたたずんでいる。

一週間ほど前、横浜郊外のこの家に引っ越してきたパパさんとママさんは、ようやくのんびりした週末の朝を迎えようとしていた。

パパさんが開いた新聞から、一枚の広告がパラリ……。

『N畜犬繁殖家組合オープン！　元気な子犬多数！』

ママさんの心はたちまち舞い上がった。

「見に行きましょう！　ムサシがいるかもしれないわ」

「うーん、でも、まだ引っ越したばかりだけどなあ……」

一応迷ってみせるパパさんも、内心はうずうずしている。

犬と暮らす……それは、二年前にパパさんとママさんが結婚した時からの夢。この家も、犬との生活を考えて選んだようなものである。

「よし、とにかく行ってみよう」

パパさんもOKし、二人はコーヒーもそこそこに、広告の場所へとやってきた。

やわらかな日差しが、犬屋さんの庭にふんだんにふりそそいでいる。サークルに入れられた子犬たちは、見にきたお客さまに、クンクン、キャンキャン、愛嬌をふりまくのに大忙し。

でも、ぼくは別格だ。庭を好きにウロチョロすることを許され、一匹オオカミの気分を楽しんでいた。

丸い飛石のところで、ぼくは二人に出会った。ぼくがじっと見上げたとたん、

「あっ、この犬は……」

「ムサシだわ！」

二人が言って、すべては決まった。

なんと軽率な……。と、あきれる人もいるかもしれない。

もちろん、パパさんやママさんだって、はじめはそんなつもりじゃなかったのだ。

二人は前々から、人間の育児書を熟読するように、あれこれ犬の本を読み込んでいた。当然、よい子犬の選び方も、しっかり暗記済みである。

子犬は、たくさんいる中から一番元気のいい子を選ぶこと。目は澄んでいるか？　口の中はきれいな桃色か？　毛の艶はどうか？　等々……。なのに、たった一匹でいたぼくを、それも目が合っただけで、この子にしようと決めてしまったのである。

まあぼくとしては、たとえチェックを受けても、合格する自信はあったけど……。でも、もしどこか欠けていたとしても、二人は、ぼくを見捨てはしなかったと思う。

あとで聞いた話だが、パパさんは、大学生の頃、まだどこの誰とも知らないママさんを一目見た瞬間、「この人と結婚するだろう」と直感したそうだ。インスピレーションの不思議は、人も犬も同じらしい。

さて、その時ぼくは生後六十四日目。生まれ故郷の愛知県豊橋市から、はるばる横浜に連れて来られたばかりだった。

体重は約四、五kg。全身を柔らかな真っ黒な毛におおわれ、がっしり太い手足だけが、ソックスをはいたように白い。褐色のまんまるい目で、じーっと人の顔を見つめるクセがあった。

後にママさんが、「ムサシは大きくなっても目だけは昔のままね」と言ったこのぼくの目に、二人はひとめぼれしたわけである。

その日の夜は、パパさんとママさんは音楽会に行く予定があったので、それが終わり次第、ぼくを迎え

に来ることになった。

感激の出会いの後、一時の別れである。

「ムサシ、また後でね。すぐに来るからね」

何度もふり返りながら帰って行く二人を、ぼくは、けんめいに走って追いかけた。

「こらこら、あんたは行っちゃだめ」

犬屋のおばさんに連れ戻され、ぼくはその日一日、〝売約済みシェパード〟として扱われた。


待ちに待った夜。パパさんとママさんは飛んで来た。待ちくたびれて、不覚にも眠りこけてしまったぼくは、犬屋のおじさんに抱かれ、大あくびでの再登場。長旅やら、お客様への顔見せやらで、疲れきってしまっていたのだ。

犬屋のおじさんが、二人にいろいろ説明するのを、ぼくは、コックリコックリしながら聞いていた。二人がすぐに後悔することになる〝飼い方〟のアドバイスである。

まず食事について。

犬屋のおじさんは、既に領収書までつけてある大きな包みを、テーブルにドンと置いて言った。

「食事は、必ずこのドッグフードを食べさせて下さい」

「え?」とママさん。

犬の本には、ドッグフードは必ずしもよくないと書いてあったはずだ。

「あのう……他のものではいけないでしょうか?」

たずねたママさんに、犬屋のおじさんは、おもむろに首をふった。

「専門家の方なら、それもできますけどねえ。素人さんでは、どうしても栄養が偏りますよ。この子はずっとこれを食べていましたし、食べ物を変えるのは一番よくないんですよ」

そう言われては、〝素人さん〟であるママさんは何も返せない。

犬屋のおじさんは続けた。

「回数は、一日三回で……」

「あのう、ちょっとすみませんが……」

ママさんがまたさえぎった。本には、この時期の子犬には『食事は一日四回～六回に分けて』と書いてあったのだ。

しかし、犬屋のおじさんは、自信たっぷりに断言した。

「いいや、三回で充分です。このドッグフードですからね」

そんなに優秀なドッグフードなんだろうか……？

半信半疑のパパさんとママさんに、説明はもう、しつけの方へと進んで行く。

「シェパードは実に利口です。育て方一つで、良い犬になるか悪い犬になるか、決まってしまうわけです」

シェパードでなくても犬なら当り前……と、ぼくはアクビをした。

「ですから、しつけて欲しいことがあったら、なんなりとわたしに言って下さい。お宅に出向いて訓練してあげますよ。素人さんには、やはり難しいですからねえ」

「いいえ、それは結構です」

パパさんが、きっぱりと断わった。

「うちは、訓練犬にするつもりはありませんから」

すると、犬屋のおじさんは力を込めて言う。

「いや、しつけは大事ですよ。特にこういう大きい犬は、しっかり訓練をしておかないと。……料金の方は、サービスさせていただきますから」

しつけと訓練を、ごちゃまぜにしないで欲しいわ、とママさんは内心つぶやいた。

パパさんが、少しイライラと言った。

「しつけが大事なのはわかっています。でも、訓練となるとまた別でしょう。……では、そろそろ失礼しますので」

　立ちかけたパパさんたちに、犬屋のおじさんは、あわててつけ加えた。

「それとですね。たとえ死にそうになっても、絶対に部屋の中には入れないことです。甘やかしてから、あとで訓練してほしいと言われても、うまく行きませんからね。ま、この子は、殺したって死ぬような犬ではありませんけど。ハハハハハ……」

　思わず背筋が寒くなったパパさんとママさんは、ぼくを受け取ると、急いでその場を後にした。

　車の助手席で、ぼくを抱いたママさんが、やさしく見おろしている。パパさんは、できるだけ静かに運転して、ぼくをこわがらせないようにと気をつかってくれた。

　さあ、家に着いた。

　玄関の中に、毛布を敷いたダンボールの箱が用意されている。とりあえず、ここが今夜のぼくの寝床である。

　水を飲ませてもらい、まわりを見回したぼくは、急に不安になった。

（なんだろう、ここは……？　どうしてぼくは、こんなところにいるんだろう……？）

　心細そうにクンクン言うと、パパさんとママさんが、「よーしよし、いい子ね、よーしよし」と、かわるがわる、ぼくのおなかや背中をなでてくれる。

　ぼくは、ママさんたちにくっついて、いつの間にかトロトロと眠りに落ちたが、二人が側を離れると、すぐに目が覚めてしまう。

　クンクンクンクン……キャワン、ウオーン……。

　ぼくが鳴くたびに、二人は飛んできて、よしよしとなだめてくれた。

　ママさんたちの手をくわえたり、顔をなめたり、ひっくり返っておなかをなでてもらったりしていると、だんだんに落ち着いて眠くなる。

　ぼくの夜泣きは、二晩でピタリと止んだ。ぼくは、何も心配しなくてよいことがわかったのだ。

それからは、夜中にクンクン言うのは、トイレの用事があるときだけ。

ぼくたち犬は、トイレに関してはキチンとしたいという意識が強いから、寝床に地図を描いたりなんてことはしない。（正直に告白すると、どうしても間に合わなかったこともあったけれど……）

毎晩、眠い目をこすりながらぼくを外に連れ出してくれるのは、パパさんの役目だ。

ぼくのことには、パパさんもママさんも、面倒がらずにいっしょうけんめいつき合ってくれる。そんなパパさんとママさんを、ぼくはすぐに大好きになり、ずっと前から、この家にいるような気持ちになった。

ところが、ぼくを大事に思うほどに、二人の心には、ある迷いが生じていた。

ぼくがちょっとお腹をこわしたのをきっかけに、一度は無視した犬屋のおじさんのアドバイスが、妙に気になり出したのだ。

「食べ物を変えるのは一番よくない……育て方一つで、良い犬になるか悪い犬になるか決ってしまう……素人さんではねえ……」

もし、素人の自分たちがアドバイスに従わなかったために、ぼくをダメにしてしまったら……。その不安が、整然としていたはずの二人の育犬方針をすっかり狂わせてしまった。

そして、それはすぐに災いしはじめた。

2、病気

それからの数日間、ぼくは、一見元気そうだった。

ママさんが、疑問を抱きながら出してくれるドッグフードも、積極的ではないにせよちゃんと食べ、昼間は庭で遊んだ。

ママさんが家の用事をしている間、退屈で寂しくなると、リビング・ルームのガラス戸を引っかいて、クンクン、ヒンヒン言ってみる。

「よしよし、もうすぐですからね」

ママさんは、大急ぎで用事を一段落させ、庭に降りてくる。ママさんは、暇さえあればぼくの相手をしてくれる。

ぼくは、ぬれ縁に座ったママさんの膝の上で日向ぼっこするのが大好きだ。

サワサワと梢を渡る風や、青い空、まぶしく躍る光の中で、ママさんは、自分で創ったいろいろな物語を、ぼくに話して聞かせる。

内容はわからなくても、背中をトントンされながら話しかけてもらうのは、とっても気持ちがいい。

一方、パパさんは、会社から早めに帰って来て、庭の周りのフェンス作りに精を出した。ぼくをつないだりせずに、庭に自由に解放して飼うためである。

完成するまで、ぼくは、夕方になると玄関の中に入れられた。

犬屋のおじさんの、部屋に入れるべからず、のアドバイスを振り切れず、玄関の上り口には、げた箱のバリケード。ジャンプして飛び越そうとすると、ダメ！　と叱られる。ぼくにとっては、まったくにくらしい壁である。

それでも、ぼくがキャンキャン言えば、パパさんやママさんの方が壁を越えて来てくれるので、ぼくは、せいいっぱいキャンキャン言ってみせた。

ぼくが玄関を占領している間、お客様もみんな裏口経由。せっかくの〝新居〟訪問も、さぞ興ざめだったことだろう。

そうこうしているうちに、ぼくは、だんだん食欲が落ちてきた。

はじめは、子犬によくある消化不良だと思ったママさんは、食事の量を減らし様子を見た。が、いっこうによくならない。

そのうちおなかもピーピーにこわし、動くのもおっくうになってきたぼくは、ママさんの膝の上で丸くなって眠る時間が長くなった。

食欲はいよいよなくなり、大好きなチーズも気持ち悪くて食べられない。ドッグフードなどもっての他。何もかも匂いをかいだだけで、ウッとなる。

ついに絶食したぼくは、水ばかりガブガブ飲んでいた。

ママさんがくれるビオフェルミンだけは、喉を通ったが、効果はみられず、症状は悪くなる一方である。

二日目には、便は水のようになり、そそうの連続となった。

よろよろしながらも、外に連れて行ってもらおうとするのだが、あまりに急を要するので間に合わないのだ。ママさんは、心配のあまり何も手につかず、パパさんも、会社から何度も、ぼくの様子を聞きに電話をよこす。

回虫かしら、それとも、まさかジステンバーでは……？　恐ろしい思いが、どんどん広がって行く。とにかく獣医さんを呼ばなくては……、ママさんは、よいお医者さまを紹介してもらおうと、犬屋さんに電話をした。

しかし、電話口に出た犬屋のおばさんは、「さあ？　私たちも、こっちに来たばかりでしてねぇ」と、まるでそっけない対応である。

ママさんは思わず言った。

「そんな……、予防注射などの時は、いい先生をご紹介下さると、おっしゃっていたじゃないですか」

犬屋のおばさんは少しあわてて、いま電話帳で調べてみますから、と受話器を置いた。そして教えてよこした病院は、バスで二十分以上も離れたところである。

そんなに遠くだなんて……、困った声のママさんに、犬屋のおばさんは、そそくさと言った。

「あのワンちゃんなら、病院になんか行かなくても大丈夫ですよ。おなかが悪いんでしょ？　湯たんぽでもしてあげれば、すぐに元気になりますよ」

犬に湯たんぽですって？　ママさんはあきれた。素人のママさんだって、それがナンセンスなことぐらい知っている。ママさんはやっと気がついた。

この犬屋さんは、訓練も頼まず利益の対象にならないぼくには、もうぜんぜん興味がないのだ。売ってしまえば後はおかまいなし。

ひどい……、ママさんは後悔した。

そうしている間にも、ぼくは急激に弱り、呼ばれても起き上がれないほどになってきた。

それでも、弱々しくシッポを振ったり、ひっくり返って甘えようとする様子がいじらしくて、ママさんは、涙がこぼれそうになったという。

ママさんは、すがる思いで、動物行動学者の平岩米吉先生のお宅に電話をかけた。

平岩先生は狼や犬の研究で知られ、その著書に惹かれたママさんは、一年ほど前から、先生が主宰される『動物文学会』にも加入させてもらっている。

なじみのない獣医さんにかかる前に、どうしても、信頼できるところに相談したかったのだ。

電話に出られた先生の奥様と、ご長女の由伎子先生が、かわるがわるママさんの話に耳を傾けて下さり、一旦受話器を置いた後、今度は、平岩先生みずからお電話を下さった。

先生は、寄生虫の疑いもあるが、ドッグフードと食事の回数にも問題があるでしょうとおっしゃった。とりあえず近くの獣医さんを探して早くみせるようにとの指示の他、いろいろ細かいアドバイスもして下さった。

会ったこともない小さなぼくのために、こんなにも親身になってくれたのである。

何度もお礼を言って受話器を置いたママさんは、お隣りのTさん宅に飛んで行った。

Tさんの家には、ブチ君という七才になる立派なボクサー犬がいる。よい獣医さんを知っているかもしれない……。

Tさんの奥さんは、ママさんの話を聞くとびっくりした。

「あらたいへん。ムサシちゃんの姿が見えないから、どうしたのかと思っていたのよ」

庭側に隣接するTさんのところは、ダンディなご主人とほがらかな奥さん、美人のお姉さんのSちゃんとやさしいお兄さんのK君の四人家族。みんないい人たちなので、ぼくは、すぐに友達になっていたのだ。

Tさんの奥さんは、近くのブチ君のかかりつけのM動物病院をすすめてくれた。以前、フィラリアで倒れたブチ君を、心臓の虫を抜き取る手術を施して助けたことのある、良いお医者さまだそうだ。

ママさんは早速、往診を頼んだ。

物静かな白衣のお医者さまが、すぐに来てくれた。

ぼくは毛が少し逆立ち、少しの間にすっかりやせ細ってしまっている。

「たぶん回虫がいますね。それと、どうもドッグフードがあやしいですね。古くなって、変質しているのかもしれません」

なんと……ぼくと同じ犬屋さんから買われた何匹かが、同じ様な症状で駆け込んで来ているという。

ぼくは、下痢止めや虫下しの薬をもらい、点滴までしてもらった。

点滴は気休めぐらいにしかならないそうだが、ママさんは、ワラにもすがる思いだったのだ。

ぼくは、注射針を刺されても痛いという元気すらなくなっている。

お医者さまが言った。

「回虫の方は、明日にでも虫が出れば心配ないでしょう。ただ、衰弱がひどいですから、少しずつでも食べるようにしないと、もたないかもしれませんねえ」

ママさんは青くなった。

「ムサシ、よくなってね、がんばってね」

自分の方が病人のような顔で、ぼくにつきっきりだ。

スープなら、ミルクなら……と、口当りのよさそうなものを次々と出してくれるが、ぼくは、どうしても食べられない。

ママさんは半泣きになった。パパさんは、男だから泣いてはいられない。ぼくとママさんの両方を励ましている。

（もうダメなんじゃ……？）

二人の心の中には、そんな思いが頭をもたげはじめていた。

でも、どちらも口では「大丈夫だよ」「大丈夫よね」と、おまじないのように言っている。

お医者さまの往診と注射が続き、病気になって四日目の朝。

ぼくは少し気分がよくなった。身体はヒョロヒョロするが、毛の逆立ちがおさまっている。

日曜日だったが、朝早くから来てくれたお医者さまは、ホッとしたように言った。

「よしよし、だいぶいいようだねえ。あとは食べられるようになれば大丈夫でしょう」

パパさんとママさんの顔が明るくなった。

パパさんは、鈍りがちだったフェンス作りに、また気合いが入る。

その夜、二人はお好み焼きを作った。ここ数日、食事もろくに喉を通らなかったのだ。具には、ぼくの好きな鶏のささ身も入っている。

「ムサシ、よくなるわよね」

「うん、何とか食べられるようになればなあ……」

ジュージュー焼ける音と一緒に、二人の会話がボソボソ聞こえてくる。

こっちに来てよ……ぼくはクンクン言った。

「はいはい、ちょっと待ってね」

ママさんは、ついでにささ身のところを少しちぎり、フーフーさましながら持って来た。

「ほら、ムサシの大好きなササミよ。食べてごらん」

手のひらにのせて差し出すが、ぼくは、いらないとソッポを向く。

やっぱりだめか……、ため息をついたママさんは、そうだ！　と、何か思いついたように、ささ身をポンと自分の口に放り込んだ。そして、かるく噛んでからまた手のひらにのせた。

「ムサシ、これならどうかな？」

クンクン……？　匂いをかいだぼくは、自分でも驚いたことに、それが気に入った。

パクッとくわえ、病犬とは思えない勢いで飲み込んだ。

「食べたわ！」

ママさんが叫ぶ。

「えっ、本当に？」

パパさんも飛んで来た。

「食べた！　ムサシが食べた！」

躍り上がって喜んだ二人は、それからかわるがわるお好み焼きを噛んでは、ぼくに食べさせてくれた。

ママさんは、動物の母親が自分の口で噛んだものを子どもに与えることがある、というのを思い出して、試してみたそうなのだ。

ぼくは、その時、噛んでもらったものしか食べようとしなかったから、ママさんの思いつきは功を奏したといえる。

それをとっかかりに、少しずつ他のものも食べられるようになったぼくは、ぐんぐん体力を取り戻した。

ドッグフードは二度と現われず、ぼくの食器にはママさんの手料理が盛られた。

犬屋さんの「死にそうになっても部屋に入れるな」との言葉なんか完全に消し飛び、ぼくは部屋の中で自由に遊ぶことを許された。

パパさんとママさんはニコニコして言った。

「これで甘えん坊になっても、手がかかっても、元気に育つなら、部屋をドロ足で駆け回ったっていいじゃない」

ぼくは大事にされ、かわいがられ、ご近所でも〝甘えん坊ムサシ〟と、有名になった。

3、ぼくの天下

庭のまわりに、パパさん苦心作のしっかりしたフェンスが張り巡らされた。道路に面している東側は、通行人とのトラブルを避けて、部屋一つ分ひっこめてあるが、あとはすべてぼくの天下。

高さ約一・六mのフェンスの上には、ぼくの成長に合わせて、忍び返しの網を付け加える予定もあり、ぼくは一生首をつながれる心配はない。

大きなキンモクセイの木の下には、ぼくがいたずらをしてひっくり返さないようにと、枠を組んでバケツをはめ込んだ水飲み台。

子犬時代用の、赤い三角屋根のかわいい寝小屋も用意された。

ママさんは、キンモクセイや夏椿、ザクロ、サンショウなど、背の高い木だけを残し、モサモサした草木をすっかり抜いてしまった。ぼくが動きやすいように、そしてできるだけ蚊を防ぐためである。

夏は傘のように枝を広げたキンモクセイの下で昼寝ができるし、冬は日だまりに毛布を引っ張り出して、日向ぼっことしゃれこむこともできる。

地面のあちらこちらに前足で穴を掘って、ホネなどを入れ、鼻先で上手に土をかぶせて埋める時、ぼくは大満足。そうしておいて、後でゆっくり宝捜しを楽しむのだ。ワンパク盛りのぼ

くにとって、一ケ所につながれずに動き回れるのは、とてもありがたい。でも、どんなに自由にできても、一人ではやっぱりつまらない。

ぼくの何よりの楽しみは、一日四回の『ムサシタイム』。

朝・昼・夕方・夜と、それぞれ約一時間ずつ、部屋に入れてもらう時間である。朝と夕方には、ごはんや大好きな散歩も含まれている。

たまに部屋に入る犬と違い、足を洗うなんていう面倒を省かれているぼくは土足のままピョンとかけ上がる。パパさんは、リビング・ルームの床のパンチカーペットをはぎ取り、かわりにビニル素材のタイル形の床材を敷きつめた。これなら、ぼくが汚しても、モップで拭くだけできれいになる。

しかし、雨の日はたいへんだ。天気が悪いからと言って、じっとしているぼくではないから、泥水をしたたらせ、うんざりするほど汚れていることもある。

そんな時は、ママさんは、リビング・ルームからお風呂場まで新聞紙を敷いた〝花道〟を作り、

「ムサシ、おフロ。よしよし、オフロ」

と、ぼくを誘導して、シャワーできれいに洗ってから遊ぶことにした。

二人の奮闘を気の毒がり、庭を人工芝にしたら？　と提案する人もいたが、パパさんは首を横にふった。

「そんなことをしたら、土を掘ったりする犬らしい楽しみを、取り上げてしまうことになりますから」

さすが、うちのパパさんだ。

その気持ちに応えて、ぼくはすぐに「おフロ」を覚え、シャワーも大好きになったので、雨の日も、たいして大騒ぎしなくてすむようになった。

4、ぬれ縁から落ちる

あの大病以来、ぼくは何事もなくスクスクと成長した……、といいたいところだが、残念ながらそうはいかない。時々、小さな故障を起こしては、ママさんたちをヤキモキさせた。

はじめてケガをしたのは、生後三カ月に近いある夕方のこと。

「ムサシ、おなかすいたでしょう。すぐに、ごはんにしてあげるからね」

外出していたママさんが帰って来て、大急ぎで支度をはじめた。

ぼくは、うれしくなってぬれ縁に駆け上がり、ピョンピョン跳びはねた。ところが、そのうち勢いあまって、うっかり足を踏み外してしまったのである。

どうん！　天地が思いきりひっくり返った。

ギャン！　ギャン！　ギャン！　ギャン！　……。

驚いたのと痛いのとで、ぼくは地面にはいつくばり、大声で鳴き叫んだ。

「ムサシ、どうしたのっ？」

ママさんが、裸足のまま庭にかけ降りて来た。

抱き起こされたぼくは、右手がブラブラになっている。

「痛くしたのね？　待っててね」

そっとぼくを寝かせたママさんは、お医者さまを頼むため、電話に飛びついた。

レントゲンが必要なので、すぐに連れて来るようにとのこと。

ママさんは、哀れな声で鳴き続けているぼくを抱き上げると、夢中で家を走り出た。

「よしよし、すぐに治してもらうからね」

その頃のぼくの体重は、七kg強。ぼくを抱えたママさんは、約一キロ半先の獣医さんまで、必死に走り続けた。ぼくは、クンクン言いながら、痛くない方の左手で、ママさんの肩にしっかりとしがみついた。

病院の入口で、入るのをいやがってダダをこねている柴犬を「おさきに！」と追い越し、汗びっしょりのママさんは、息をはずませて診察室に駆け込んだ。

ぼくを診察台にのせたお医者さまが、どれどれ？　と調べる。

息をつめて見守るママさん。

「大丈夫。肩の骨が外れただけですね」

お医者さまは、ぼくの背中の方から手を当てると、二、三度ククッと揺すって、関節をはめ込んでくれた。

床におろされたぼくは、まだ少し肩に力が入りにくかったが、どうやら歩けるようになった。

「よかった……」

ママさんが、ほーっと顔の汗をぬぐう。

ぼくは、ママさんが薬をもらっている間、奥の手術室の方までチョロチョロ見学に行き、入口でまだ騒いでいる柴犬を、不思議そうに見物した。

「ムサシ、帰りますよ」

ママさんが呼んでいる。

また抱き上げられたぼくは、今度はちゃんと両手でつかまることができた。

行きも帰りも、道の距離が変わるはずはないが、ホッとして気のぬけたママさんには、ぼくの重みがズッシリこたえ、何度も休み休み、やっと家にたどり着いた。

ママさんは、ハラペコのぼくにごはんを食べさせ、それからふと、ぬれ縁に目をやった。

「こんなものが置いてあるからいけないのよね」

ママさんは、フェンスの扉を開けると、ぬれ縁をむんずとつかみ、押したり引いたりして、エイッと外に出してしまった。

その夜、会社から帰ったパパさんは、ママさんの怪力にあきれかえった。あのぬれ縁は重い鉄製で、以前、二人がかりでも、なかなか動かすことができなかったものなのだ。

「タイミングの問題よ」

ママさんはすましていたが、翌日は、さすがに腕の筋肉痛がひどくて、箸を持つのもやっとというありさま。

「ああいうのを、火事場の馬鹿力っていうのねえ」

ママさんは、腕をさすりながら笑っていた。

5、予防注射

それから約十日後。一回目のジステンバーの予防注射が行なわれた。

いつものお医者さまが、もう一人のお医者さまを伴ってやって来た。ジステンバーの予防注射はそれだけ慎重を要するのだ。

まず、お尻に体温計を差し込んで熱を計る。

いやだ！　いやだ！　と、ぼくはめずらしく吠えた。

「ほう、ずいぶん威勢がよくなったねえ」

お医者さまは笑いながら熱を確認し、素早く注射を打った。

あまりの早業だったので、なんだかわからず、ぼくは注射より体温計の方が嫌いだと思った。

その日は一晩中木枯しが吹き荒れ、季節は冬に向かって急速に進行しているようだ。

ぼくの成長も、一日刻みで目に見える程である。

幼犬時代の特徴だった前に折れた耳も、はじめに右、続いて左と、両方とも完全にピンと立ち上がり、急にシェパードらしい顔つきになってきた。

ある日、ママさんは、ぼくの前歯がブラブラになって血が出ているのに気がついた。歯がはえかわるのだ。乳歯がとれた後には、すぐにポチンと新しい歯が現われる。

抜けた歯は、ほとんど飲み込んでしまったりしたので、ママさんが確保できたのは、犬歯二本と奥歯二本だけ。

ママさんは、それをオルゴールの中に大事にしまっている。今見ると、ぼくのものだったとは信じられないほど、小さなかわいい歯だ。

さて、ジステンバーの予防注射から四日たった朝のことだ。

ぼくは目が赤く充血して熱っぽく、少し血便も出て、またママさんをあわてさせた。

すぐに往診を頼む。

感染症の診断を下したお医者さまは、「ですが……」と、少し難しい顔で言った。

「めったにないことですが、もしかすると、ジステンバーの予防注射の副作用かもしれません」

ママさんはドキリとした。

予防注射の副作用ということは、ジステンバーにかかったのと同じになるのかしら？

「様子をみて、変化があったら、すぐ連絡を下さい」

お医者さまは、そう念を押して帰って行った。

ママさんは、またぼくにつきっきりだ。会社から帰ったパパさんも、話を聞くなり、えっ？　と顔をくもらせた。

パパさんが、子供のころ飼っていたクロという犬が、ジステンバーで悲惨な最後を遂げたそうで、パパさんは、特にこの病気に恐れを持っていたのだ。

不安の一夜が明け、結局、心配した程のこともなく、ぼくは元気を取り戻した。

「まったく、人騒がせなやつだなあ」

胸をなでおろしたパパさんが、やれやれとぼくをくすぐる。ぼくは、ひっくり返ってガーガーとごきげんの声を出し、パパさんたちの労にむくいた。

6、階段落ちと寄生虫

二人を安心させたぼくは、その三日後、階段からものの見事にころげ落ちる羽目になる。が、これは決して、ぼくのオッチョコチョイのせいではない。

元気になったぼくを見て、はしゃいだパパさんとママさんが、『犬の知能テスト』なるものをやってみようと思い立ったのが、そもそもの原因なのだ。

鍵をガチャガチャさせたり、紙やハンカチをヒラヒラさせて、反応を見ているうちはまだよかった。

一応、模範的反応を示したぼくは、次に家の階段の下に連れて行かれた。階段を上手に昇り降りできる犬は、頭がよく臆病でもないという。

「ムサシ、行け！」

パパさんの号令で、ぼくは、ためらいもせず、ヒョコヒョコと階段を昇って行った。

「えらいえらい。ムサシ、いいぞ」

喜んだ二人は、ぼくが途中まで昇ったところで、下から呼んだ。

「ムサシ、降りておいで」

急に呼ばれたぼくはあわてた。

ちなみに、パンチカーペットを敷きつめたこの家の階段は、かなり急である。

人間用には安全のための手すりがついている程で、四つ足のぼくが降りようとすると、ほとんど逆立ち体勢になる。そんなところで、あせって方向転換しようとしたからたまらない。

たちまち足がもつれたぼくは、ドドドドッ！　と、すさまじい音を立てて階段をころがり落ち、パパさんが受け止める間もなく、下の日本間の敷居に、いやというほど手を打ちつけてしまった。

ギャーン！　ギャン、ギャン、ギャン……。

大声を上げたぼくを、驚きあわてたパパさんとママさんが抱き起こす。

「ムサシ、大丈夫か？」

「ごめんね、無理なことさせてごめんね」

すっかり後悔した二人は、ぼくの手をさすったり、謝ったり。

幸い打撲だけですんだぼくは、少しすると、起き上がってピョンピョン跳ねてみせたが、当然のことながら、知能テストは、即中止となった。

ママさんたちは、このことでぼくが階段恐怖症になったのでは？　と心配したが、そんな弱虫ではない。

玄関の石段や公園の階段、人間がハアハア息を切らせるほど高く急な遊歩道の階段も、ヘイチャラだ。

だけど……うちの階段を一人で昇り降りするのだけは、やっぱりちょっと苦手である。

さて、季節はいよいよ北風に支配され、冬が本格的に腰を据える頃。

二回目のジステンバーの予防注射が行なわれた。

前回のことがあるので、おそるおそるだったが、今回は無事に通過。

「これでもう安心ね」

「散歩にもどんどん行けるぞ」

パパさんとママさんは張り切った。が、またまたそうは問屋が卸さない。

今度は、怖い寄生虫が、ぼくにとりついたのだ。

食欲不振↓下痢↓血便というコースをたどれば、ママさんの血相を変えさせるに充分である。

ママさんは、ぼくの便を採ると、獣医さんに飛んで行った。

検便の結果、べん虫という寄生虫が見つかった。

寄生虫といっても、回虫のように虫下しで退治できるようななまやさしいものではない。犬の十二指腸や盲腸などに寄生し、放っておくと命にもかかわる、やっかいな虫だそうだ。

すぐに注射が必要なので、また往診してもらう。治療には飲み薬も併用した。

よく犬は薬嫌いといわれるが、その点、ぼくは苦労がない。

お隣りのブチ君は、小さな丸薬一つ飲ませるのもたいへんだそうだ。Tさんの奥さんが、チーズやバターのボールをたくさん作り、その中の一つに薬を埋め込んで、知らん顔で次々食べさせるが、最後に必ず薬だけより分けて、プッと出してしまう。仕方がないので、歯をくいしばって頑張るブチ君の口をこじあけ、無理やり飲ませるという。

うちのママさんは、小さい頃よくカゼなどで病院通いをしたが、注射も薬もあまり嫌がらないおりこうさんだったらしい。自分から薬に口を出すぼくは、もっとおりこうさんだ……そうイバると、パパさんにこう返された。

「ほんとうのおりこうさんは、病気なんかしない子のことをいうんだよ」

ぼくは注射を二日続け、薬もキチンと飲んで、怖いべん虫をやっつけることができた。これでやっと、パパさんの言う「ほんとうのおりこうさん」になれそうである。

7、しつけと言葉

「ムサシとつき合っていると、自制心が鍛えられるわ」

ある日、ママさんがつくづくと言った。

ママさんは、どんなに疲れているときでも、何かに腹を立てているときでも、ぼくの前では、いつもニニコニコしていようと決めていた。そして、人に笑われようとあきれられようと、繰り返し繰り返しぼくに話しかける。それがママさんの〝しつけ〟の基本でもある。

〝しつけ〟というと、〝叱る〟ことばかりを連想しがちだが、プロが目的を持って特殊な訓練や技術を伝授する場合は別として、やみくもに叩いたり脅かしたりして物事を教えるのは賢明ではないと、ママさんは考える。

犬といえども個性があるし、十把一絡げに、こういう時はこうするものだとは限らない。まして犬の場合、物事の善し悪しは、すべて人間の都合で決定されるのだ。

わけもわからず、感情に任せて大声で叱られたり叩かれたりしても、犬は萎縮するばかりである。だから、ママさんは、犬を〝しつけ〟ようと思う人は、まず自分自身を厳しくコントロールしなければと、自分に言いきかせている。

ぼくに何かを教えるとき、パパさんやママさんは、食べ物で誘導する方法はとらなかった。そのかわり、同じ言葉でひたすら繰り返し話しかけ、できたときは、心からオーバーなくらい誉めてくれる。

たとえば、ぼくがたまたま座っているところを見つけたとする。

「よしよし、ムサシ、これがおすわり、おすわりよ」

ママさんはそう言いながら、ぼくのお尻の上をポンポンとする。

二、三度繰り返すうち、ぼくの頭の中では、この姿勢と『おすわり』という言葉が自然にむすびつく。

『伏せ』も同様にしてすぐ覚えた。が、それには、おまけまでつけてしまった。

「お行儀は？」と言われただけで、ぼくは、『おすわり』か『伏せ』をしてみせるようになったのだ。

ごはんのときなど『おすわり』して待っているぼくに、ママさんがいつも、「ムサシ、お行儀がいいわねえ」と言っていたので、『お行儀』という言葉と『おすわり』や『伏せ』という動作が、いつのまにかドッキングしてしまったのだ。

「ムサシは、人のくせを映す鏡みたいね」

ママさんは、感心しながら笑っていた。

ママさんたちと一緒にいると、自然にいろいろな言葉が頭に入ってくる。

ごはん・お水・チーズ・おやつ・ホネ・ボール……など、ぼくの身近な物はもちろん、お台所・おフロ……などの場所、それから、おさんぽ・ドライブ・シーシー・持っておいで・○○はどこかな？（さがしてごらん）・ねんね・休けい……など、動作に関する言葉も、ぼくはちゃんとわかる。

シーシーを覚えるにあたっては、一度だけ叱られた。

部屋で遊ぶようになったぼくが、ちょっとそそうをしかけた時、居合わせたパパさんから、すかさず「ダメ！」の声。同時にママさんが飛んで来た。

「シーシーか？　ムサシ、シーシーか？　行っておいで」

リビングのガラス戸を開けて、ぼくを庭に出し、用を足している間中「よーしよし、シーシー、よーしよし」と、声をかける。ぼくが部屋に戻って行くと、「えらいえらい」と、うんと誉めてくれた。

ぼくには、そのことがとても印象的だった。

ぼくは、いっぺんでシーシーを覚え、それからは、部屋にいる時にトイレの用事があると、ガラス戸の前に『おすわり』をして教え、「シーシーか？」と聞かれると、しっぽをふって応えるようになった。

それから、ぼくのボキャブラリーには、パパさんやママさんの動作に関するものもある。

うちに来たばかりの頃、ぼくは、庭から四六時中部屋の中を見ていて、ママさんが立ったり動いたりする度に、あせってピイピイ言っていた。

シェパード犬（羊飼いの犬）のぼくが、未年生まれのママさんを羊にみたてて見張っているわけではない。ママさんの姿が見えていないと、不安になってしまうのだ。

これではママさんは、家の中も自由に動けない。困ったママさんは、何とかぼくを納得させることにした。

まず「お掃除しちゃうからね」と言った後は必ず、パタパタ、ガーガーと、ハタキや掃除機をうならせ、「お料理しちゃうからね」と言ったときには、台所でガチャガチャ、パタンパタン、トントンと音をたてて、ここにいますよという印象をつける。

静かな用事の時は、部屋の中から、よしよしとうなずいてみせたり、話しかけたりして、ついに「ちゃーんといてあげるからね」という言葉を、ぼくに理解させた。

ママさんが二階に引っ込んでいようが、そう言ったときには、どこにも行ってしまう心配はないのだ。反対に「ご用があるの」と言った時は、外出の予定があるということだ。

ママさんは、ぼくには決してウソを言わないから、混乱することはない。ついでに、「いない」というのも、わかるようになった。

パパさんは、ふだん車で通勤しているので、ぼくははじめ、車があればパパさんもいると判断していた。でも、たまに出張などで車を置いて出かけた時、パパさんをいっしょうけんめい捜し回るぼくに、ママさんが言った。

「(パパさんは) いないの、今はいないの」

二、三度そういうことがあった後、ぼくは、「いない」というのは、つまり捜してもムダなのだなあと納得した。

こんなふうに、ぼくは、遊びながら次々と言葉を覚えたが、それにつれて、パパさんやママさんは、うっかりしたことが言えなくなってきてしまった。

二人の何気ない会話にも、じっと聞き耳を立てているぼくは、知っている言葉が出て来ると、ハッと振り向く。ちょうど外国語をかじった人が、難しいセンテンスの中の知っている単語だけに、お？　と反応するようなものだ。

いつだったか、テレビを見ていたパパさんとママさんが、画面に出ているパンダの話をはじめたことがあった。

そばで寝そべっていたぼくは、むっくり起き上がり、目をピカピカにしてママさんの前に飛んで行った。二人の話の「パンダ」を、ぼくは食べ物の「パンだ」と言っているのだと思ったのだ。とんだ勘違いだが、ママさんは、期待させてしまったから……と、しかたなくパンを一切れくれた。

庭にいるときも、ぼくのアンテナは、しっかり部屋の中に向けられている。

パパさんたちが、「そろそろ（ぼくを部屋に）入れてやろうか？」又は「入れる？」と相談しているのが聞こえただけで、ぼくは喜んで立ち上がる。

パパさんが「（コーヒーを）いれようか？」とママさんに聞いたのを、ぼくを部屋に入れようかと言ったのだと思って、ヌカ喜びしたこともある。

二人は、うっかりぼくを期待させては悪いと「ハンゴニルス？（ごはんにする？）」とか「ポンサ（散歩）」とか「ロソロソレイテルヤ？（そろそろ入れてやる？）」などと言葉をひっくり返したり、時には英語にして相談したりしている。

ぼくたち犬が、なぜ言葉がわかるようになるのか不思議がる人もいるが、人間だって言葉の覚え初めはそう変わりないと、ママさんは言う。

みな母親や周りの人たちの言葉を常に耳にすることによって、自然に母国語を理解し話せるようになるわけで、その証拠に、たとえ生粋の日本人でも、一人外国に生まれ育てば、日本語を解することはできない。

じゃあ人間も犬も同じかといえば、やっぱりちがう。

ぼくたちは、かなりの言葉を覚えることはできても、それを自分の口で話すことは不可能だ。だけど、その分ぼくたちは目にものを言わせる。そして、ぼくたちには、人のちょっとした表情やしぐさから、その心を読み取ってしまう鋭い洞察力が備わっており、かわいがってくれる人とは、言葉以上のものを伝え合うことができるのだ。

パパさんやママさんも、「へたな人間より、ムサシの方がすっと話がわかるよ」なんて言っている。

8、困りんぼうムサシ

ぼくはかなり頑固な方である。

独占欲も天下一品。好奇心も強く、何でも自分で確認しないと気がすまないし、見えなくなったものは、捜し出すまであきらめない。

うるさく吠えてせがんだりはしないが、こうしたいと思ったら、とことんしつこく頼み込む。

もしエリート教育を受けたら、有能な麻薬捜査犬になったかもしれない……と夢を描くのはいいが、現実では、その性格が、パパさんやママさんを困らせることがある。

最初にママさんを閉口させたのは、かじり魔になったぼく。

歯がはえかわる頃、ぼくは、ホネや木のかけらなどを、しきりとかじりはじめた。

植木や家具類には口を出さないが、遊んでいて調子に乗ると、無性にママさんの手をかじりたくなる。

ぼくとしては、かじるのも一種の愛情表現なのだが、なにぶん小さかったので、歯かげんというものがわからない。ママさんの手は、あっという間に、ヤーさんのように傷だらけだ。

「こんなにかじるなんて、異常じゃないかしら?」

ぼくが噛みぐせのある犬になっては大変と心配したママさんは、断然やめさせようとした。

新聞紙を細長く巻いて、ぼくがかじろうとする度に、「だめっ！」と、お尻をポカリ。けれども、ぼくには、それも新式の遊びとしか思えない。

ますますかじってはサーッと逃げてみせ、逆にママさんを挑発しようとする始末だ。

ママさんは途方にくれた。パパさんに相談しても、「そのうちなおるよ、気にするな」。

パパさんの言葉通り、ぼくは、歯がはえかわると同時に、かじり魔もケロリとなおってしまった。歯かげんも覚え、今では、パックリ開けたぼくの口に顔をつっこんでもへいきである。

そんなふうに、成長に従い自然に直るものはいいが、どうしても改善されないこともある。

ぼくの徹底した攘夷精神だ。といっても人間に対してではない。よその犬猫の存在に、がまんがならないのだ。

それは当然、散歩中の態度の悪さにつながる。相手がオスであれメスであれ、バッタリ出くわしたら百年目。

「気にいらねえ」と、犬が変わったように背中の毛を逆立て、引き綱をグイグイ引っ張って、向かって行こうとする。

これに関しては、パパさんにもママさんにもずいぶん厳しく叱られた。けれども、どんなに叱られても、ぼくは、これだけはどうしても言うことを聞けない。

ママさんたちは、犬の散歩のしつけに関する本を読みあさり、あれこれ実行してみたが、まるで効果なし。

「はじめてのお散歩のとき、あちこちの犬たちに、さんざん吠えつかれたでしょう？　それがこたえてるのかしら？」

「ムサシは、きっと自分の大きさがわかってないんだよ。一度、思いきりケンカしてみればいいんだ」

パパさんは、やけっぱっちにそんなことを言うが、まさか実践するわけにもいかない。

よい解決策も見つからぬまま、二人はとうとうこう納得した。

いずれ社会的独立が必要な人間の子供と違って、犬は飼い主の責任の中で一生を過ごすのだ。たとえ模範的なしつけが身につかなくても、そういう犬とつき合うのを苦労と思わず、他人に迷惑をかけないように気を配れば、それでいいとしよう。

そんなわけで、ぼくは未だに社会性が身につかぬまま、典型的ワンマンドッグに甘んじている。

9、大雪

翌年の二月。横浜には珍しく大雪が降った。このあたりは山沿いなので、吹きだまりになると、五十センチ以上も積もっている。

ぼくにとっては、生まれてはじめての雪。

一面真っ白な庭に座っていると、あとからあとからひらひら舞い降りてくる雪片が、頭にも背中にもとまって、ぼくもたちまち白い犬になってしまう。

「あらあら、ムサシ、お地蔵さんみたい」

ママさんが笑う。

ぼくは、ブルブルッと雪を払って立ち上がると、鼻先でブルドーザーのように雪をかき分けたり、足で蹴散らしたりして、思いきりふざけ回った。

日曜日なので、表の道路では、町内の人たちが、せっせと雪かきに励んでいる。

パパさんはその最中にスキーの板を持ち出し、家の前の坂道を喜々として滑り降りて、みんなの注目を浴びた。

こんな日は散歩もおもしろい。

ぼくは、ズボッズボッと雪に足をとられて難儀しているママさんの先導役を務め、張り切って引っ張りすぎては、ママさんをスッテンコロリンところがしてしまった。

厳しい雪との闘いを続ける北国の人たちには申し訳ないが、こちらでは、たまに降る雪に人も犬も大はしゃぎ。

ところで、冬になると「〇〇ちゃん、寒いでしょう」と犬に毛糸を着せたり、湯たんぽをあてがったり、布団までかけてやる人がいるそうだが、ぼくたちは夏の暑さは苦手でも、寒さには強い方である。そんなふうにしておきながら「うちの○○ちゃんたら寒いとすぐにお腹をこわして困るのよ」だなんて……。親切のつもりで人がよけいな手を加えたことが、かえって犬を弱くしてしまったのだ。

過保護といわれるぼくだって、寝小屋に毛布を敷いてもらうぐらいで、そういうへんな甘やかし方はされていない。

確かに暖かい所は心地よいので、コタツにもぐり込んだり、ヒーターの前に座ったりしたこともあったが、「こらこら、おじいさんみたいよ」と、叱られた。

ぼくの健康を考えたパパさんとママさんは、ムサシタイムの時は、コタツをヨイショと部屋の外に運び出し、ヒーターも控えめにして、外と室内の温度差が、あまり極端にならないよう気をつけている。

おかげでぼくはどんどん体力もつき、小さいころ病気がちだったのがウソのように、たくましい犬になってきた。

ブラックタンの毛並みも美しく、パパさんとママさんは、ぼくをほれぼれと眺めて、丈夫になったことを喜び合った。

10、散歩道

春が来た！

「ムサシ、桜の花よ。きれいねー」

散歩するママさんの声も弾んでいる。

このあたりはいわゆる谷戸地区。山の一部を開拓して築かれた住宅街なので、奥に進むと、あちこちに遊歩道の入口が見つかる。都会志向の人たちからは「横浜のチベット地方」なんてひやかされるが、自然

環境は抜群で、早朝のすがすがしい空気は、まるで高原にいるようだ。

今日は、ぼくの散歩道を紹介しよう。

はじめにお断りしておくが、ぼくは決してノソノソ歩いたりはしない。犬猫攘夷精神にのっとり、目配り耳配りも怠らず、いつも元気の良い馬のように意気揚々と弾んで歩く。

家を出発したぼくたちは、まず、横浜一広いグラウンドを持つという小学校の横の並木道を通る。さらに、ひとかたまりの住宅を過ぎ、雑木林の山のふもとにつきあたる。そこから左に折れたところが『風の道』。

風の強い日は、横の雑木林の山が、ゴーッ、ヒューッと、怪獣のような唸り声を上げるので、ママさんがそう名づけたのだ。

『風の道』の真正面の山間からぬっと覗いているのは、二つの目のような赤いライトを点滅させている白いゴミ焼却塔。

その目ににらまれつつ、ぼくたちは『空の公園』への段々を駆け上がる。

数本の大きな桜の木をバックに見上げると、近くのカントリークラブの芝生の緑が鮮やかに映り、澄み切った青空が彼方へと誘い込むように広がっている。

「ムサシ、ここからは、空がまあるく見えるわねえ」

のんびり深呼吸しているママさんを、ぼくは、はやく行こうよと急かせる。

公園を出ると、また別の山並が見え、ゆるやかにカーブしながら伸びているのは『星の道』だ。

町内の御殿地区と呼ばれる立派な家が立ち並ぶこの一角からは、

満天星がひときわ美しく眺められる。

かたわらに横たわる窪地は、秋になると一面、背の高いススキやキリンソウで埋めつくされる『ススキの原』。

自然の風情をそのままに残しているので、ママさんの特にお気に入りの場所である。が、このあたりで、たいていよその犬とかち合わせになる。

現実に引き戻されたママさんは、鼻息の荒くなったぼくを、急いで『モミの木の公園』へと誘導する。

この公園の中に堂々と佇んでいる三本のノッポの木は、絵本などで見るクリスマスツリーにそっくりなのだ。広げた枝の裾には、人がスッポリ入れるほどで、ぼくたちは、毎日そこにもぐり込んでは、木の幹を軽くトントンたたいて「おはよう」の挨拶をすることにしている。

公園の中央は、雪柳やれんぎょうの茂みに覆われ、春は花嫁さんの道のように美しい。

ここから家まではもうすぐだ。

「ムサシとお散歩すると、気分がスッキリして元気が出るわね」

犬猫に出会って大汗をかいても、ママさんは、いつもうれしそうにそう言っている。

四季の変化を楽しみたい人には、ぜひ犬との散歩がおすすめだ。ぼくたちが喜ぶ道をたどれば、必ず自然の宝庫に行き当たる。一つ一つの宝は小さくても、犬と共に発見する楽しみは、すてきに大きいと思う。

11、さんざんな一日

春霞の山々にぽっかりぽっかり浮かぶ山桜を眺めながら、その日も、ぼくたちは張り切って散歩から帰ってきた。けれども、それに続く一日はさんざんであった。

まず、お隣りのブチ君が、フィラリアに勝てず、とうとう亡くなったのだ。

ブチ君は、少し前から、腹水がひどくて立てなくなり、Tさんの家の人たちの手厚い看護を受けていた。最後は、苦しみをやわらげるため、パンパンに張ったお腹に太い針を刺して水を抜き、家族みんなに見守られる中、ご主人の手を弱々しくくわえながら、息を引き取ったそうである。

やさしいTさん一家にかわいがられ、約七年の幸せな一生だったと思う。

ママさんが、お隣りの門の前で、ブチ君のお悔みを言っている時。

いくら呼んでも、ママさんが戻って来ないので、ぼくはクンクンヒンヒン言いながら、隣りとの境のフェンスにピョンピョン飛びついていた。その頃のフェンスには、まだ忍び返しがついていない。ぼくに飛び越す力がつくのは、まだまだ先のことと思われていたからだ。

しかし、タイミングとはこわい。しゃかりきになってピョンピョンやっているうち、ぼくは、ひょっとフェンスを飛び越してしまったのだ。

やったー!

隣りの敷地に着地したぼくは、得意になって、ママさんのそばに駆けて行った。

ママさんはびっくり仰天。ぼくはとても叱られ、すぐに庭に連れ戻された。

昼から出かける予定があったママさんは、ぼくが、またムチャをしなければいいけれど……と、一抹の不安を覚えながら外出した。

ママさんの心配は的中した。

自分のジャンプ力にうぬぼれたぼくは、再度、フェンス越えに挑戦したのだ。ところが、ぼくは失敗した。

飛び越せなかったばかりか、落ちる時、柵のとんがりに首輪をひっかけ、ものの見事に宙づりになってしまったのだ。とんがりに首を刺さなかっただけ幸いだったが、身体の重みがグウンと首にかかり、ぼくは目を白黒させた。

ちょうどその時、お隣りの玄関先では、Tさんの息子さんのK君が、友達と話をしていた。

ぼくの一大事に気がついたK君は、急いでぼくの身体を持ち上げ、ヨイショと庭に助け降ろしてくれた。K君はぼくの命の恩人だ。

もし、あのまま誰にも気づかれなかったら、どうなっていただろう……。

夕方、心配しながら帰ってきたママさんは、ぼくの姿を見てホッとした。が、ブチ君に供えてもらおうとお花を届けに行って、Tさんの奥さんからぼくが宙づりになったことを聞き、えっ？　と青くなった。

何度もお礼を言って戻ってきたママさんは、ぼくをギュウと抱いて言った。

「おばかさんね！　ムサシ……」

パパさんとママさんは、早速、忍び返しの網の取り付けにかかった。さらに、フェンス際の地面を二十センチほど掘り下げた。

Tさんのご主人が、窓から顔を出してぼくをからかう。

「あーあ、ムサシ。もう出られなくなっちゃったなあ。今度、こっそり出口を教えてやるからな」

忍び返しは完成し、ぼくがいくらジャンプしても、斜めに入り込んでいる網に頭がぶつかり、はね返されてしまう。

「これでよし！」

パパさんとママさんはニッコリだが、ぼくは、得意の高飛びを禁じられ、ちょっぴりうらめしい気分である。

12、犬小屋運搬

亡くなったブチ君のハウスは、たいそう立派である。

全体の大きさは畳二枚分ぐらい。

前面は鉄パイプのサークルで、奥が、木の板をしっかり組んだ寝小屋になっており、片側傾斜の天井には、プラスチック製の波板が打ってある。ワンルーム、バルコニー付きといったところだ。

Tさんの知り合いの人が特別に作ってくれたものだそうで、奥さんから、そのハウスの処分をどうしようかと思っているとの話を聞いたパパさんとママさんは、ぼくのために譲って下さいとお願いした。

ぼくの子犬時代用の寝小屋は、入口をガリガリかじったりしたので、すっかりみすぼらしくなり、底もガタつきはじめている。ぼくの身体も一人前に大きくなってきたことだし、ちょうど新しい寝場所が必要なところだったのだ。

Tさんは、快く、ぼくにプレゼントしましょうと言ってくれた。

さて、問題は運搬である。なにしろ二百kg以上はある重い重いハウス。

フェンスのないTさん宅の庭に運び込む時でさえ、男の人が何人もかかってやっと動かし、Tさんのご主人は、それで腰を痛めてしまったそうだ。

パパさんとママさんは、運送屋さんに頼むことにした。ママさんが、早速、大手の運送屋さんに電話をかける。

きびきびと応対した係の人がたずねた。

「で、運ぶ物は何でしょう?」

「あのう、犬小屋なんですけど……」

「は?」

「犬小屋です。でもとても大きいんです」

「は、はあ……犬小屋ねえ……で、どちらからどちらまで?」

「隣りからうちまでです」

「はあ?　そんなに近く……?」

半信半疑の運送屋さん。

それでも翌日ちゃんと見積りに訪れ、現物と現場状況を見て、なるほどと納得した。

「これはクレーン車が必要だなあ……しかし、そうなると、三万五千円程かかってしまいますよ」

犬小屋運びに、そんな費用をかけるなんて……と、運送屋さんの方がためらっている。でも、パパさんとママさんは、あっさり承知した。

いよいよ運搬当日。

今度は、こちらが度肝を抜かれる番だった。

ゴゴゴゴーと、恐ろしげな音とともにやって来たのは、工事現場などでお目にかかるバカでかい本格的なクレーン車。近所の人たちが何事かと出て来る。

パパさんは苦笑した。

「何だかオーバーなことになっちゃったなあ」

クレーン車といっても、パパさんたちは、せいぜいトラックの荷台にちょこんと乗った小さなものを想像していたのだ。しかし、運送屋さんはさすがにプロである。運搬に当たっての障害は、フェンスだけではなく、電線もあれば街路樹もあるということを、しっかり計算に入れての判断なのだ。

みんなが見物する中、ブチ君のハウスは高々とつり上げられ、ブラブラ揺れながら、ぼくの庭に無事着地した。

「よかった、よかった」

みんなが思わず拍手をする。

ぼくたちが喜んでいる頃。Tさん宅では、ハウスを取り去ったあとに、ひとかたまりのブチ君の毛を見つけた奥さんが、それまで押さえていた涙を、一人はらはらと流したそうである……。


その日の夕方。

ぼくは、パパさんとママさんに連れられて、近くのペット霊園にあるブチ君のお墓に、お礼のお参りに行った。一号、二号……と、並んでいる平たいお墓の前には、お菓子やおもちゃや、たぶんペットたちが生前好きだったものが、いろいろと供えられている。

ぼくたちは、ブチ君が入っているお墓にお花を供えて、ハウス引継ぎの報告をした。

夜になると、みんなが、ぼくがちゃんとハウスに入るかどうかを気にしだした。

「ほら、ムサシちゃん、ハウス、ハウス」

隣りからも、しきりに声がかかる。

ぼくは、毛布を敷いてもらった寝小屋の中やハウスの周りを、クンクン嗅ぎ回ったが、やはりすぐにはなじめない。でも、ぼくをここに閉じ込めて飼うわけではないので、ママさんは「気長に見ていましょ」と、あまりあせらないことにした。

そのうち、パパさんが、ふざけ半分に寝小屋の中に入ってみせた。

「おー、これは、なかなかいいぞ」

「ほんと？　どれどれ？」

パパさんと交代して、ママさんまで入って行こうとするので、ぼくは、あわてて一緒に飛び込んだ。いったん入ってみると、案外居心地がいい。

何度か出たり入ったりしているうちに、寝小屋の感触にも慣れ、二、三日すると、前から自分のものだったように、落ち着けるようになった。

こうしてブチ君のハウスは、めでたくぼくに引き継がれた。ブチ君、すてきなハウスをありがとう。

13、子守歌

ぼくは、ママさんの子守歌を聴きながら昼寝をするのが大好きだ。

ママさんの膝を枕にゴロリと横になり、子守歌を歌ってもらうと、たちまち目がしょぼつき、心地よい眠りへと誘われる。とはいっても、ママさんは意識的に、ぼくを歌で寝かせるくせをつけようとしたわけではない。

ぼくが寝るとき何気なく口ずさんでいるうちに、いつの間にか、そのようなパターンが出来上がってしまったのだ。

ぼくのお気に入りの子守歌は二曲ある。

一つは「ねーんねー、ねーんねー、よしよしムサシはいい子ー……」と、シューベルトの子守歌のムサシ・ヴァージョン。そしてもう一つは、音楽好きのパパさんとママさんが合同作詞作曲した『ムサシの歌』。ぼくだけのための、オリジナル・ソングである。

まあるい目をあげて　なにをみつめているの
あの青い空の海　わたる風のささやきに
とおい国の物語　きこえてくるでしょう

はずむ足音に　なにをうたっているの
このかがやく緑に　喜びあふれておどるよ
かぎりのないこの愛で　そっとつつもう

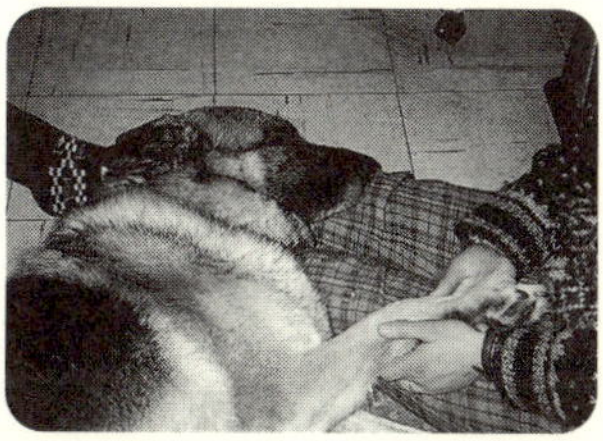

走れムサシ　はやてのように
跳んでムサシ　虹をこえて
いつかおなじ夢　みているね
時はめぐっても　その小さな足跡で
信じあえるよろこびを　綴ってゆこうね

眠りかけた頃、ママさんが歌をやめると、ぼくはムックリ頭を持ち上げ、ちょっと鼻を鳴らして、シッポをパタンパタン振る。

「もっと歌ってよ」の催促だ。

再びママさんの歌がはじまると、ぼくは、フーッと大きく息をつき、またトロトロと眠りに落ちていく。ぼくは、寝るとなったら徹底的に寝る方である。特に部屋の中で安心している時は、ぐっすりと眠り込む。「それじゃあ番犬にはならないね」と笑う人もいるが、なんてったって寝る子は育つ。ママさんもそれが何よりだと言う。

ぼくたち犬も、イビキもかくし、寝言も言う。眠っている間、目を半開きにして顔をけいれんさせたり、口をピチャピチャ言わせたり、寝ぼけた声で吠えることもあれば、手足を盛大に動かしたりもする。

平岩先生の著書で、それは夢を見ている状態だとの予備知識を得ていたパパさんやママさんは特に驚かなかったが、何も知らずにそんな様子を見た人は、けいれんでも起こしたのかと、びっくりするかもしれない。

ムサシの歌

♪ M & K YAMABE

まあるい－ めをあげて－ 、なにをみ－ つめて
いるの、あ の－ あおい そらのうみ、 わたる－ かぜの
ささやきに、とおい － くにの ものがたり、 きこえて － くるで
しよう、 はずむ － あしおとに －、なにをう － たって
いるの、 こ の － かがや く みどりに、 よろこび － あふれ
ておどるよ、かぎ り － のない このあいで、 そっと － つつも
う － 、 はしれムサシ はやての－ように、 とんでムサシ
にじを こえて、 い つ か お なじ ゆめ みている ね
－ － 、 とき は － めぐっても－ 、 そのち
い－ さなあし あと で、 しんじ － あえる よろこび を、つづ
って－ ゆこう ね －

14、パパさんぶたれる！

ムサシタイムの時、ぼくは、野球のボールを遊び道具にしている。

草野球のピッチャーをしていたパパさんが、ビュンと投げる球を、前後左右に機敏に立ち回り、パクッと受け止める。

ヒラリとジャンプし、空中で球を捕りながら、身体を半回転させて着地するのも得意技。

パパさんは言った。

「ムサシに外野を守らせたら、強いだろうなあ」

パパさんと、ボールの取り合いっこをするのもおもしろい。

パパさんが、サッカーのように足でころがしているボールを、ぼくは、ドドドドッ、ダダダダッと走り回って、大騒ぎしながら取り返す。

ママさんは、戦闘に巻き込まれぬよう、壁ぎわで観戦だ。

「がんばれ、ムッサッ、がんばれムッサッ」

手を叩きながら、もちろんぼくの方を応援してくれる。

さて、ある晩のムサシタイムのことだ。

ぼくは、パパさんが、いつになく不機嫌そうにしているのに気がついた。

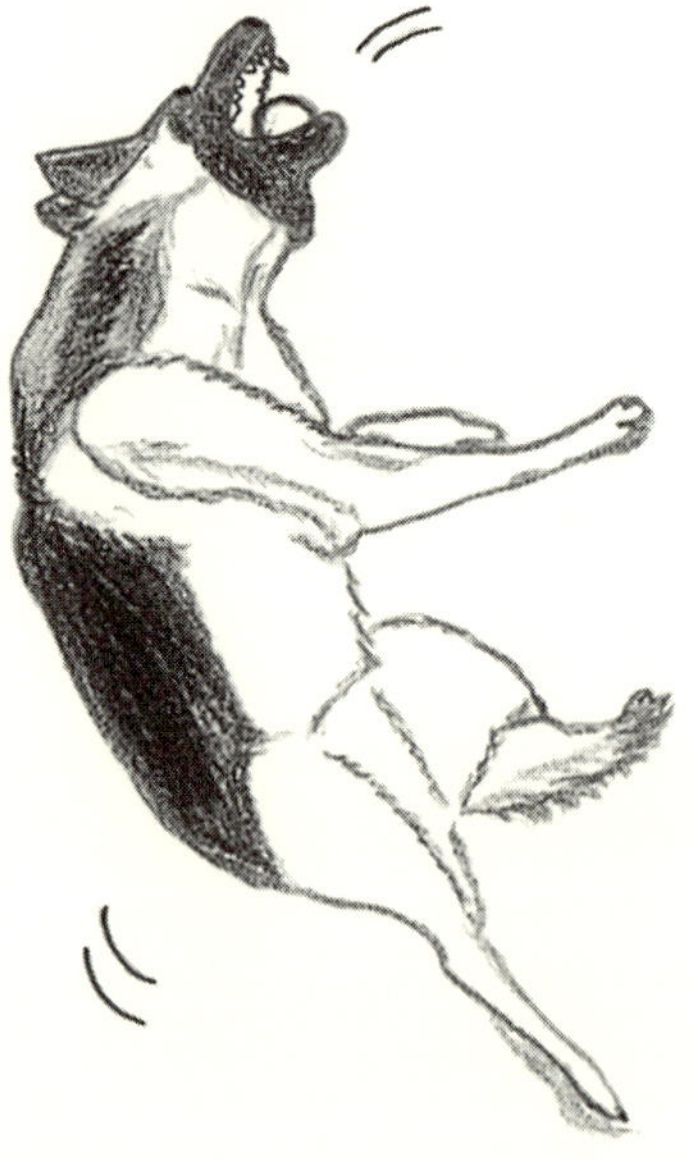

そんな時はおとなしくしていればいい、なんていうのは大人の理論。その頃のぼくは、一才を過ぎたばかりのやんちゃ盛り。おまけに、昼間、ママさんが外出してあまり遊んでもらえなかった日なので、エネルギーがあり余っている。

ぼくは、いつものように張り切って、パパさんのところに、ボールを持って行った。

ところが、いくら誘いをかけても、パパさんはちっとも関心を示さない。額にシワよせて何やら考え事をしている様子だ。

日産自動車の研究所に勤めているパパさんは、はたから見れば、エリートサラリーマンといわれる恵まれた存在だそうだが、その内情は、訓練犬同様、厳しくストレスの多いものらしい。

でも、仕事のことを家に持ち込まないのが、パパさんの偉いところだと、ママさんも言っていた。

遊ぼうよ！

ぼくは、キャンキャン言った。

パパさんは、「うるさいなあ」と、こわい目でぼくをにらんだ。

ぼくはびっくりした。

なんだかへんだぞ……不安になってママさんの方を振り向くと、ママさんは、いつものようによしよしと笑いかけてくれる。

それに勇気づけられたぼくは、再度せがんでみた。

キャンキャン、遊んでよ！

「あっちへ行ってろ！」

パパさんは、さっきよりもっとこわい顔で、ぼくを振り払った。

ぼくは思わずムッとした。こんな扱いを受けたことは、今まで一度だってない。

わけもわからず、なんだい！　こうなったら、遊んでもらうまで抗議しよう。

ウー、ワンワンワンワンワンワンワン、ワン！

「しつこいなあ」

パパさんはとうとう立ち上がった。

ぼくが負けじと飛び上がる。と、パパさんは、ぼくの首輪をつかんでグイと突き放そうとした。

はなされてなるものかと、ぼくはその手をかじった。

「このやろー」

すっかり頭に血が上ってしまったパパさんは、次の瞬間、ドーン！　と、ぼくを突き飛ばしたのである。

キャン！

ぼくは、もんどり打ってころがった。

と……、ママさんがひとっ飛びに飛んできた。そして、

「なんてことするのっ！」

と、ピシャリ！　と思いきり平手打ちをくらわせたのだ。

ぼくにではない。パパさんにだ。

ぼくはあっけにとられた。

だって、パパさんとママさんはふだんとても仲良しで、めったにケンカなどしない。しても、冗談まじりの小競り合いぐらいだ。

けれども、ぼくをかばったママさんは、今日は本気で怒っている。

「どうしてそんなことするの！　ムサシが何をしたっていうの。八つ当りなんかして、かわいそうじゃない。ムサシに謝って、早く！」

ママさんは、迫力満点でパパさんに迫った。

すると、パパさんがいきなり笑い出した。

パパさんは、もともとわからず屋ではない。ふだんは少々のことでピリピリしたりしないし、ぼくには特にやさしいパパさんである。

ついこの間も、ふざけてジャンプしたぼくの犬歯が、たまたまかがんだパパさんの鼻の穴に絶妙なタイミングでひっかかり、鼻血が出てしまったことがあった。が、その時だって、パパさんはちっとも怒ったりはしなかった。

「わかった、わかった。ムサシ、悪かったな。ごめんよ」

パパさんは、ママさんにぶたれた頬をさすりながら、ぼくに謝った。

ぼくはホッとして、ママさんのかげから顔をのぞかせたが、この件は後におかしな影響を残すことになった。

試しに、パパさんがママさんに向かって、「こらー」と手を振り上げて見せたとする。ぼくは、ビュンと飛んで行ってママさんをかばい、ウー、ワンワンワンワン！　と、パパさんを牽制する。

ところが、それを逆にしてみると……、ぼくは、同じように飛んでは行くが、なんと、手を振り上げたママさんと一緒になって、パパさんに向かってワンワン！　吠えたのである。

何度やっても同じなので、パパさんは少々不満顔だ。

15、人と犬

ぼくたち犬は生真面目である。はやい話、冗談が通じないのだ。だから、冗談のわかる人間と同じようにからかわれると、とてもつらいことがある。

ママさんから聞いた、そういう例を二つあげてみたいと思う。

まず、〇子さんの家のポメラニアンのミミちゃんの話。

室内犬のミミちゃんは、〇子さんのお母さんが大好きな甘えん坊。

そのお母さんが、ある日、親戚の不幸で泊まりがけの外出をすることになった。友だちを家に呼んで留守番をしていた○子さんは、ちょっとミミちゃんをからかうつもりで言った。

「ミミ。ママだよ、ママだよ」

ウソだとは知らないミミちゃんは、大喜びで玄関に飛んで行き、お母さんを迎えようとした。けれども、いくら待ってもお母さんは入って来ない。がっかりして部屋に戻るミミちゃんを、○子さんと友だちは、キャッキャ言いながら見ている。

「ほらね、ママっていうと、あわてて行くでしょ？」

「ほんと、あのおしりの振り方が、かわいい」

おもしろがった○子さんたちは、その日何度も同じ事をくり返したので、疲れきったミミちゃんはとうとう食欲もなくなり、お母さんが本当に帰って来た時には、病気のようにうずくまってしまっていたそうだ。

次は、△さんの家の柴犬のチビのこと。

チビは血統もよく家の中で大事に飼われていた。

甘えん坊のチビは、一人で家に閉じ込められる留守番が大嫌い。それを知りながら、△さんたちは、わざとチビに何も言わずにこっそり出かけたらどうなるか、実験してみようと言い出した。

敏感なチビは、家の人たちの外出の気配を感じてソワソワしていたが、いつものように「お留守番だよ」の言葉もなく、みんなが次々にいなくなってしまったので、気が狂ったように部屋から部屋へと走って捜しまわった。その様子を△さんたちは、笑って小窓からのぞき見ていたそうである。

ぼくは、この二つの話を聞いたとき大憤慨した。

でも、ママさんが言っていたが、○子さんも△さんの家の人たちも、決して犬が嫌いでそんなことをしたわけではないのだ。ただ、かわいがっているはずの犬を、いつの間にかおもちゃにしてしまっていることに、ぜんぜん気がついていない。

「犬好き＝犬の気持ちがわかる」とは限らないらしい。

言葉で説明のきく人間なら、あの時はああだったと言われれば、ふうんと納得もできる。ごまかすことも可能だ。からかったりからかわれたりして、親しみを深めることだってあるという。しかし、犬にはいっさいの言い訳は通用しない。

たとえ悪気はなくても、○子さんや△さんの家の人たちのような軽いからかいが、犬にとっては、裏切りに等しい苦痛にもなってしまうのだ。

ぼくがそう訴えると、ママさんは、どんなに小さな事でも犬にウソをついてはいけないね、とうなずいていた。

ある日、パパさんが言った。

「犬は偉いよ。『人を喜ばせること＝自分の喜び』だと信じているもんな」

偉いかどうかはわからないが、ぼくたち犬はいつも、ご主人の気持ちに自分の気持ちを重ねて暮らしている。ご主人が喜べばぼくたちもうれしいから、いっしょうけんめい喜びを共有しようとする。

けれども、犬のそういう姿勢を、人に媚びているだけと見る人もいるそうで、とても心外だ。

人間の言葉の中には、自分の利益のために権力にへつらう人を、犬のようだと軽蔑したり、スパイのことをズバリ「犬」と言ったりなど、犬の性格を悪く解釈してるような表現もあるという。

確かに、犬は一見、ご主人のごきげん取りをしているように見えるかもしれない。

でも、それは、大好きなご主人に喜んでもらいたい一心からで、人を喜ばせることで自分がなんらかの利益を得ようと媚びる人間とは、根本の気持ちが違っている。

もし犬が人に媚びているだけなら、自分に利益がなくなれば、さっさとソッポを向くだろう。だけど犬は決して人を裏切らない。

たとえご主人の態度が変わっても、充分に応えてもらえなくても、一度主人と決めたその人に、生涯心を捧げ尽くすのである。

ママさんは言った。

「犬の融通のきかなさは、純粋な愛情を守るための、楯のようなものかもしれないわね」

16、ママさんと犬

犬のこととなると、ママさんは、人があきれるぐらいいっしょうけんめいになる。

そんなママさんと犬の出会いは、幼稚園の頃だったそうだ。

ある日のおつかいの帰り、ママさんは、数人の男の子たちが、黒い犬を囲んで木の枝でつつきまわしているところに行き当たった。

前に、遊んでいたママさんをつかまえて、背中にバラの刺を入れたりしたガキ大将たちである。

ママさんの心臓はドッキンドッキン鳴り、足は震えた。

でも、犬が泣いている……そう思ったママさんは、満身の勇気をふるって、男の子たちのそばに行った。

「ねえ……やめてよ」

「なんだよう」

ガキ大将がこわい顔で振り向く。

ママさんは、泣きそうになるのをグッとこらえて言った。

「やめてよ。かわいそうじゃない」

「うるせーな」

ガキ大将は、持っていた小枝をふりあげて、ママさんを追い払おうとした。思わず首をちぢめたママさんは、それでもなおふんばった。

「やめてったら、おねがい」

「チェッ、へんなやつ！」

ガキ大将は、震えながらにらんでいるママさんの頬を小枝でピシッと打つと、仲間を促して引き上げて行った。

ホッと気の抜けたママさんは、涙をポロポロこぼしながら、犬を連れて、いつも遊んでいる近くの材木置き場へと行った。そこには、材木がうまく重なって洞穴のようになっている、ママさんお気に入りの〝秘密の場所〟がある。

ママさんは犬にクロと名前をつけ、毎日、食べ物を持って秘密の場所へと通った。その頃、まだ借家住まいだったママさんの家では、犬を飼えなかったのだ。

クロもママさんになつき、毎日、ちゃんと秘密の場所にやって来る。ママさんは、うれしくてたまらなかった。

ところが、それは長続きしなかった。

数日目のこと。いつも通りママさんが行ってみると、クロの姿が見えない。

ママさんは、暗くなるまで待ったが、クロはとうとう現われなかった。

次の日も、その次の日も……ママさんはクロを捜しまわった。

そして、たまたま会った近所のおばさんから、クロが保健所へ連れて行かれたことを聞かされたママさんは、秘密の場所で、一人声をあげて泣いた。

クロは、ママさんの悲しい思い出の犬になってしまった。

けれども、クロとの出会いで、大の犬好きになったママさんは、自分では飼えなくても、いろいろなところで犬と友だちになった。

パパさんの実家の柴犬系のトム君は、家族以外の人には吠えついて誰も寄せつけなかったのに、ママさんには、不思議とすぐになついてしまったそうだ。

そのママさんが、ぼくと暮らすようになってから、なぜかあちこちの犬によく吠えられるようになったとぼやいている。

もしかして、ぼくの匂いがうつってしまったのかもしれないなあ。

17、ダニ騒ぎ

八月はじめの休日の朝。

ママさんは、ぼくの右頬に紫色の小豆大のものを見つけた。

悪いおできかも？　とパパさんも心配して、ぼくはすぐに獣医さんに連れて行かれた。

一目見るなり、お医者さまが笑う。

「これはダニですよ」

なんと、おできのように見えたのは、ぼくの血を吸ってパンパンに膨れた、ダニの身体だったのだ。

お医者さまがつまんでピッと取ると、モゾモゾ動く足がある。草むらに顔を突っ込んだ時とりつかれたらしい。

そういえばお隣りのブチ君も、生前ダニにはずいぶん悩まされたと聞いている。

それから、ダニのシーズンになると、ぼくとママさんはおサルの親子のようになった。

ママさんが、ぼくの毛をかき分けながら皮膚に食いついているダニを捜し、見つけしだいつまみ取って退治して行く。

ゴロンと横になっているぼくはらくちんだが、ママさんには、とても肩がこる作業だ。

ダニも面倒だが、犬にとって一番こわい虫は、やはりフィラリアを媒介する蚊である。ブチ君の例もあるように、まわりの犬たちが、フィラリアでどんどん倒れていく。パパさんの実家のトム君も、七才の時フィラリアで命を落とした。

春から秋にかけて、ぼくは毎日予防薬を飲まされているが、世の中に蚊がいる限り安心とはいえないと、パパさんもママさんも、ハラハラしている。

18、誕生日とグルメ

八月二十日。

ぼくの満一才の誕生日がやってきた。

「血統書のいいところは、お誕生日がはっきりわかることね」

ママさんは張り切って、『シェパード・パイ』を焼いている。

『シェパード・パイ』とは、シェパード特集を組んだある犬の雑誌に載っていたドイツ料理で、色合いからそう名づけられたらしい。

ぼくの好きなジャガイモと挽肉の段々重ねなので、ママさんは、ぼくの誕生日には、ケーキがわりにこれを作ろうと決めていたのだ。

ママさんはけっこう料理好きで、家の中にはしょっ中、焼き立てのパンやお菓子などのおいしそうな匂いが漂っている。

犬の間食はあまりよくないと勉強していたママさんも、ぼくがオーブンの前でしきりに『お行儀』のポーズをしてみせるので、ちょっとだけね、と味見させてくれたりする。

ぼくのふだんの食事は、鶏のレバーや肉を野菜と共に煮て、ごはんを混ぜたもの。小さい頃胃腸が弱かったぼくに、あれこれ試してみた結果、これが一番お腹に合っていたのだ。

だからといって、ぼくは好き嫌いが多いわけではない。

よその犬はあまり食べないという野菜やイモ類も大好きで、水煮はもちろん、生のレタスやキュウリもショリショリ、果物にもピチャピチャ舌つづみを打つ。

野菜は、栄養のある皮の部分を煮たものが特に好きなので、ママさんは、料理の時むいたニンジンやダイコンやジャガイモの皮などを、芽のところを取り除いてきれいにし、フリージングストックしている。

どうしても苦手なものといえば豆腐。あのフニャフニャした舌ざわりは、なんだか気持ちが悪い。

そのくせ、茶碗蒸しやプリンやゼリーなんかは喜んで食べるので、ママさんは、同じような舌ざわりなのにと不思議がっている。

ごはんの他の毎日のおやつは、朝はチーズ一かたまりとビスケット。昼は大好物の煮干を一つかみ。夜はたいていママさんの手作りのおやつで、最後は歯みがきがわりに牛の皮のガムをかじる。

ママさんたちの夕飯が、お好み焼きやステーキ、すき焼きや鍋物など、ぼくの好物のときは、必ず一皿分のおスソわけをもらう。ただし、ぼくの分はうす味で香辛料ぬき。犬によくないといわれるネギやタマネギ、イカ、エビ、タコ、貝類などもちゃんと除いてある。

ぼくは決して贅沢ではないが、基本的なものの味にはうるさい方である。

たとえば、ごはんは、何といっても炊き立てを適温までさましたものが一番。冷飯を温めたのではおいしさが半減する。パンも、焼き立てを出しているお店やママさんが作ったものは大好きだが、スーパーで漫然と売られているものは、どうもいただけない。

犬が味のことをとやかく言うなんて贅沢だ、と怒る人もいるが、味覚は半分は匂いによるとのこと。人間よりずっと鼻が発達しているぼくたちが、味覚にも敏感になるのは当然ではないだろうか?

ぼくは、毎日部屋の中で食事をする。

ママさんが、ぼくの食べっぷりを観察がてら、食器をちょうどいい高さに持ってつきあってくれるので、いままで一人で食べたことはない。

ぼくは、たいてい二〜三分で一気に食べてしまい、食後はママさんに顔を押しつけて、ごちそうさまの挨拶も忘れない。

誕生日の今日は、『シェパード・パイ』があるので、ごはんは少し控え目だった。

「ハッピー・バースディ、ムサシー、ハッピー・バースディ、ムサシー……」

パパさんとママさんが歌い、みんなでシェパード・パイを食べて、お祝いをした。

プレゼントは、かつおぶしのかたまりを一本と新しいボール。

何か行事があるたび、ぼくへのプレゼントは、この二つと決まっている。

誕生日だけではなく、ぼくは季節の行事にもしっかり参加している。

端午の節句には、小さな鯉のぼりと、本物のお飾りと同じ材料で作られているミニサイズの兜を買ってもらった。

ママさんは、兜の台の家紋を入れるところに、犬の足跡模様のシールを貼って言った。

「これが、ムサシの〝紋〟よ」

クリスマスのフェルト細工のオーナメントには、『MERRY CHRISTMAS TO MASASHI & MUSASHI』と、パパさんと並べてぼくの名前も刺繍してある。

お正月は、ぼく専用の南天模様の塗り物のお重箱に、ママさんの手作りのおせち料理が一式。ひとなめ分の〝おとそ〟付きだ。

それからぼくは、山部武蔵名義の預金通帳も作ってもらった。

名前を漢字にしたのは、銀行で口座を新設する時、一応人間のフリをしなければならないので（犬名義の口座なんて認められていないから）その方がいいとママさんたちが考えたのだ。

パパさんとママさんの親バカぶりにあきれる人もいるが、毛を刈ったり服を着せたりのように、ぼくに直接迷惑のかかることをしているわけではないから、二人とも涼しい顔である。

さて、ぼくは、かつおぶしを数分でガリガリ食べてしまい、新しいボールで思いきり遊ぶと、急に眠くなった。

今夜はいい夢が見られそうだ。

おやすみなさい……。

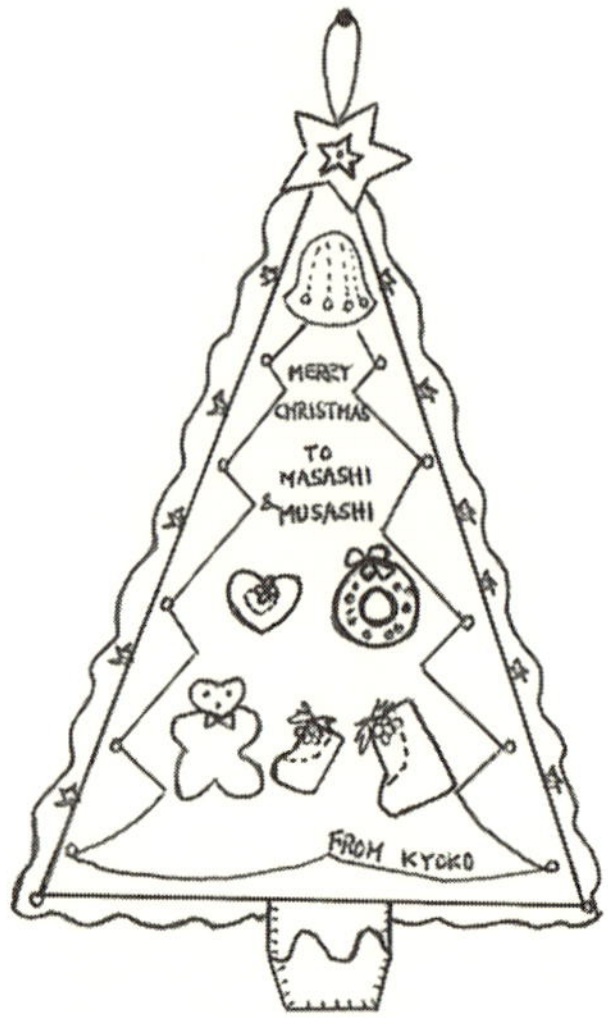

19、花火がこわいよ

夏といえば花火。だけど、ぼくは花火が大の苦手である。

雷は平気だから、大きな音に特別に臆病というわけではないのだが、近くであのパンパーン！　ヒュッ！　シュウウウー！　などという音が聞こえたとたん、我をなくしてしまう。

爆竹の音などは、少々離れていても神経にさわる。

花火がはじまると、ぼくは猛烈にガラス戸を引っかき、さらにハウスまでガリガリかじって、ピイピイピイピイ大騒ぎする。叱られてもなだめられても効果なし。花火が終わるまでどうしても静まらない。

ぼくだけではない。近所の犬たちも、花火のせいでごはんが食べられなくなったり、ふるえて物陰に逃げ込んでしまったりしているそうだ。

だけど、人間にとって、花火は夏の風物詩。

ぼくたちに同情するママさんも、楽しく遊んでいる人々に、やめて下さいとは言えないのがつらいところだ。

一度、ぼくの庭に燃えがらが飛んできたのを見つけたパパさんは、花火をしている人たちをジロリとにらみに行き、逆にヒンシュクをかってしまった。

結局は、ぼくたちが、ガマンするしかないのだろうか……。

夏が来るたび、ゆううつは繰り返す。

20、人間みたい？

平岩先生の本によると、犬も笑うという。

それを読んだママさんは、はじめは、一部の特別なワンちゃんのことだろうと思っていた。

ところが、ぼくも一才半の頃、その犬の笑いを実演してみせたのだ。

ムサシタイム中、ぼくがまだ充分に遊んでいないうちに、ハウス（ぼくの場合、ハウスとは部屋から庭に出されることである）の声がかかった。

ぼくは、え？　と驚き、まだ出たくないよと、ダダをこねた。

ひっくり返ってグズグズ言っているぼくを、パパさんが抱え起こそうとする。と、その時。

ぼくは急に上唇を引き上げ、ヒ・ヒ・ヒという感じに〝笑った〟のである。

「あ、ムサシが笑ってる！」

ママさんが興奮ぎみに言った。

珍しがられるままに、それからの一時期、ぼくは何度か〝笑って〟みせたが、それがなぜか観念した時ばかり。

パパさんは情けなさそうに言った。

「ムサシの笑いは、なんだかごきげん取りみたいだなあ」

笑いだけではなく、ぼくたちはふだんの生活の中で、いろいろと人間と同じようなしぐさをすることがある。

ある日。

遊びに来ていたママさんの友達が、ふと話を止め、けげんそうに聞いた。

「さっきから、庭でへんな音がしていない？」

「ああ、ムサシがため息をついてるのよ」

ママさんが答えたとたん、キャアキャア大笑いする声が聞こえてきた。

「いやだあ。犬がため息なんかつくのオ？」

世の中を憂えてるわけではないが、ぼくは、よくため息をつく犬である。

ムサシタイムが終わりに近づき、ハウスの声がかかった時など、ぼくは恨めしそうな上目づかいをして、お腹がふくれるほど息を吸い込み、フーッと一気にはき出す。

その日は、ママさんをお客様にとられて、なかなか相手をしてもらえなかったので、庭のまん中に座り、フーッ、フーッと、しきりにため息をついてみせていたのだ。

また、ぼくたちは、よくクシャミもする。別にカゼをひいているわけではない。

鼻づらをどこかにぶつけた時や仰向けになった時、アルコールのような強い匂いをかいだ時など、すぐに、へ、へ、へ、ヘックション！　となってしまう。それだけ鼻が敏感なのだ。

おなかのあたりがコクッ、コクッとなるのはシャックリだ。

そんなぼくたちを見て、みんな「まるで人間みたい！」とおかしがるが、人間みたいだとなぜおかしいのか、ぼくは不思議である。

ところで、ぼくは、一才七カ月になるまで、散歩中には絶対に用を足さない犬だった。

パパさんやママさんが、どんなに勧めてもダメ。

長時間歩いた時もがまんにがまんを重ね、家に帰るなり庭に飛んで行って、長々とシーシーをしたり、ウンウンふんばったりする。

シーシーをする格好も、片足を上げるオスのワンちゃんポーズではなく、後ろ足を揃えて伸ばし腰を下

げるようにするので、見た人が、

「あらあ？　ムサシったら、女の子みたい」

と、からかう。

「ムサシのやつ、庭以外でしてはいけないと思い込んでしまってるのかなあ？　これじゃ、遠くに連れて行けないよ」

パパさんは困り顔だし、ママさんも心配した。

「縄張りマークもつけられないなんて、もしかして負け犬なのかしら？」

その声に奮起したわけではないが、それからしばらくたったある夕方の散歩中。『風の道』にさしかかったぼくは、ついに、道ばたにオズオズと印をつけたのだ。

「よーしよし、ムサシ、偉い偉い。シーシー、よーしよし」

励ますママさん。

調子づいたぼくは『空の公園』の段々では、右足をちょっぴり上げてみた。

「うまいうまい」

もう心得たものだ。ぼくは、だんだんに足を堂々と高く上げるようになり、れっきとした男の子であることを証明した。

しかし未だに、ウンウン（大）の方は、庭以外ではしないことに決めている。

21、ドライブ

ぼくを連れてドライブに出かける。それが、パパさんとママさんの夢だった。

街には、ワンちゃん同乗の車がたくさん走っている。

うちだって……と、二人が最初に選んだ車は、犬を乗せやすそうなハッチバックスタイル。計画は楽しくたてられ、実現は簡単なことと思われた。ところが……、十分、三十分と、少しずつ時間をのばして練習するにもかかわらず、ぼくはなかなか車になじめない。

酔うわけではない。乗るのをいやがるわけでもない。むしろ自分から進んで乗るくせに、走り出したとたん、落ち着きを失ってしまうのだ。

頭がつかえそうな狭い車内を、ピイピイ言いながら、そわそわ、そわそわ動きまわるぼくに、後ろに一緒に座っているママさんは踏みつけられ、運転中のパパさんは頭をポカリとやられ、てんやわんやである。

何よりの問題は、ぼくが、外を歩いている犬や猫を、ひどく気にすること。

ひとたび見つけようものなら、窓を引っかき、ワンワン、ピイピイ大騒ぎ。

悠然と通過する犬猫が見えなくなるまで静まらないので、それが渋滞中だったりすると、もうたいへんだ。

パパさんはため息をついた。

「小さい頃から馴らさなかったのが、いけなかったのかなあ」

ぼくが子犬の頃、病気ばかりしていたのと、庭以外で用を足せないという問題があったので、あまり車に乗せる機会を持たずにきてしまったのだ。

ぼくを乗せていると、対外的にも神経を遣う。

信号待ちの時など、車の窓から、ぼくがうっかり顔を出そうものなら、横に並んで止まったバイクや自転車の人たちは、ワッ！　とのけぞる。

これがもっと小さい犬だったら「かわいいねー」と頭の一つもなでてもらえるだろうに……、顔を見ただけで怖がられるなんて、とてもプライドが傷つく。

パパさんとママさんは、うーんと考え込んだ。

「だけど、ムサシは酔うわけではないし……」

「そうねえ。一度、思い切って遠出してみましょうか？」

二人は苦労を覚悟の上で、ぼくを連れ、丹沢湖方面へのドライブを決行することにした。

ぼくが一才九カ月の、新緑の美しい五月のことである。

ママさんが作ったお弁当を持って、さあ出発だ。

車に乗り込んだぼくは、はじめに運転席に座りたいとワガママを言った。

「いけません」と叱られて、ママさんと一緒に後ろの席に行ったが、例によってガサガサ気ぜわしく動きまわる。

せっかくのドライブだが、パパさんもママさんも、とても景色を眺めるどころではない。一時間に一、二回は車を止めてもらい、外を歩いたりシーシーをしたりの気分転換。喉がかわくと、大きなウイスキーの空き瓶につめてきた水を、ガブガブ飲んだ。

スッタモンダしながら、それでもようやく丹沢湖に到着した。

空はうす曇り。あたりには人の気配もなく、青く深い湖は静寂そのものだ。緑に囲まれ、澄んだ空気に触れていると、ぼくもだんだんに落ち着いてくる。

「このへんで、ごはんにしましょうか」

ママさんがお弁当を広げた。

ぼくは喜んで食べはじめたが、ここに来るまで神経を遣いすぎたパパさんやママさんは、ちっとも食欲がない。それじゃあ……と、ぼくは、二人の分までちょうだいしてしまった。

しばらく休憩した後、元気を回復したパパさんが、箱根路を走ってみようかと提案した。

「いいわね！　きっと緑がすごくきれいよ」

ママさんも賛成し、ぼくたちは張り切ってまた車に乗り込んだ。

しかし、箱根路を上りはじめたとたん、二人は後悔した。

「天下の険」とうたわれた箱根路は、ぐるぐる急カーブの連続。

こわいよ、こわいよ……、ぼくは、ママさんの膝にペタンとお尻をついて、ピイピイ言い続けた。

「大丈夫よムサシ、もうすぐだからね」

ぼくのお腹をさすりさすり、いっしょうけんめいなだめるママさんも、そのうち自分の方が気分が悪くなってしまった。

途中で引き返すわけにもいかず、三国峠まで上ったぼくたちは、ふらふらになって車から降りた。

夕暮れ時で、薄い霧のベールを透かして見えた遠くの街灯りが、幻のように美しい。ここからの眺めは、神奈川県の景色十二選の中の一つだそうだ。

が、ゆっくり眺める間もなく、あたりにはもう夕闇が迫ってきた。

上ってきたのだから、どうしても下りなくてはならない。

下りのカーブは上りよりもっときつく、ぼくはほとんどパニック状態で、ママさんにしがみついた。

小田原に降りた時は、みんな心底ホッとした。が、それもつかの間。

今度は、横断歩道をゆっくりと散歩中の犬が、ぼくの目に映ってしまったのだ。

ウーッ、ワンワンワンワンワン！　ピイピイ、ワンワンワンワンワンッ！

ぼくは、箱根路でしり込みしていた分のエネルギーを爆発させた。

車内でドタバタしているぼくを、よその車の人たちが指さして笑っている。パパさんとママさんは身が縮む思いだ。

やっと犬が見えなくなり、やれやれと胸をなでおろした二人は、急に空腹を覚えた。

丹沢湖で、ぼくがお弁当をひとりじめしてしまったので、二人とも、朝からほとんど食べていないのだ。

「ハラへったー」

「目がまわりそう」

情けない声のパパさんとママさんは、とりあえず、おみやげ屋さんで小田原名物のカマボコを買った。

早速あけて食べたが、二人のお腹は、まだグーグーいっている。

道路沿いのお弁当屋さんを見つけたパパさんが、その前で車を止めた。ふだんは、こういうものは買わないのだが、背に腹はかえられない。

幕の内弁当をぶら下げ、ぼくたちは休憩がてら、夜の小田原城へと足を向けた。

池のふちに陣取った二人は、かっこむようにお弁当を食べている。

あまりお腹のすいていないぼくは、二人が食べ終わるのを、そばでおとなしく待っていたが、池の中でガアガアと声を上げたアヒルにびっくり。水に浮かぶ鳥を見たのは、はじめてだった。

お城のまわりには、細い小道や階段が、あちらこちらにめぐらされている。

ぼくたちは、ひんやりとした夜風に吹かれながら、ぶらぶらと散歩を楽しみ、また車に戻った。

その頃になると、ぼくもさすがに疲れて居眠りが出てくる。

ママさんにもたれてウトウトしているぼくに、パパさんはうらめしそうに言った。

「はじめから、そういうふうにおとなしく乗っていればいいのに」

家に帰り着いたのはもう夜中近く。

くたくたになったパパさんとママさんは、ドッとばかりに家の門にすがりついた。

ぼくの方は、家についたとたん、がぜん元気復活。お散歩に行こうよ、とせがんで、二人をあきれさせた。

歩きなれた道の散歩は、夜中でも楽しい。ふらついていたパパさんたちも、歩いているうちに、気分がすっきりしたようだ。散歩から帰ると、ぼくは、たちまちぐっすりと眠り込んでしまった。

「よっぽど疲れたのね。お休みなさい」

ママさんがそっとカーテンを引く。

パパさんは、もうこりごりといった感じでひっくり返っている。

「やっぱり、ムサシにはドライブは無理なんだよ」

けれども、しばらく経つと、またこんなふうに思い直した。

「今の車は、頭がつかえて居心地が悪いのかなあ……次に買い換える時は、もっと大きめの車にしよう」

パパさんの厚意はありがたいが、ぼくは、文明の利器によるドライブより、足を使ったハイキングの方がずっと好きである。

うちの近くには、『〇〇市民の森』と名のついた遊歩道がたくさんある。

気軽に四季折々の自然に触れることができるので、パパさんとママさんは、ちょくちょく出かけて行っては、いっぺんに十キロ以上も散策を楽しんでいる。

ぼくも何度か連れて行ってもらったが、これはとても気に入った。

春は新緑のアーチをくぐり、山桜の下でお弁当を広げる。秋は、色とりどりに染まった落葉のじゅうたんをサクサクと踏んで歩き、お正月には、破魔矢や絵馬などを持った人たちと行き会いながら、鎌倉へと初詣。

夏だけパスしているのには理由がある。

草ぼうぼうで歩きにくい上、パパさんが苦手な蛇がいるからだ。

パパさんは、巳年生まれのくせに蛇が大嫌い。以前、よその遊歩道で大きな蛇に出くわしたパパさんは、ワーッ！　と逃げ帰り、それ以来、夏の山には、絶対に足を踏み入れようとしなくなったのだ。

季節がよくなると、ママさんは、早く歩きに行こうとパパさんを誘う。

ぼくも、自然の中を自分の足で歩くのなら、いつでも大歓迎である。

22、嫌いなお留守番

ぼくを何よりゆううつにさせるのは、お留守番である。

ママさんたちは、出かけるときには、

「ムサシ、悪いけどお留守番しててくれる?」

と言って、ぼくの好きな煮干などを置いて行く。

だけど、ぼくはよだれがポタポタ出ても、ママさんたちの姿が見えなくなるまでは、決して食べない。

なぜって、気軽に受け取ったりしたら、ママさんたちの外出を、快く承諾したことになってしまうからだ。ほんとはいやだけどしかたないから待ってるよ、という気持ちを、ぼくなりに表明しなくてはならない。

パパさんは感心して言った。

「ムサシにも、プライドがあるんだなあ」

ぼくが、しょんぼりお留守番をしていると、Tさんの奥さんが、

「ムサシちゃんお留守番なの? さびしいね」

と、声をかけてくれたりする。

孤独に弱いぼくは、そういう時は、急いで寄って行って慰めてもらう。

Tさんの奥さんは、ぼくの様子を見れば、ママさんたちがいるかいないかすぐわかると、笑っていた。

二人が帰ってくると、ぼくは飛び起きてピイピイ言って跳ねまわり、身体をすりつけたりひっくり返ったりなめまわしたりして、大騒ぎする。

半日のお留守番でさえそうだから、仙台に実家のあるママさんが、たまに一人で泊まりに行く時など、ぼくを置いて行くのが心配でたまらない。

「ムサシ、いい子にしててね」

パパさんやぼくの食事を用意して、心配そうに振り返りながら出かけて行く。

そんな日は、パパさんが会社を早めに切り上げて、ぼくの世話をしてくれるが、男二人、いや一人と一匹の夜は、なんだかわびしい。

やっとママさんが帰ってくると、ぼくは夢中で飛びつき、ぐるぐるまわり、ウオーン、ウオーン、ピイ

ピイと顔や身体を押しつけての大感激。

「いったい何年ぶりの再会なんだ？」

と、パパさんに笑われてしまった。

ママさんの留守は寂しいが、もっとこたえるのは、パパさんとママさんが揃って外泊の時。めったにないことだが、それだけに、待つ方も待たせる方も気が気ではない。

二人がはじめてぼくを置いて、大阪のパパさんの実家に泊まりに行った日は、仙台から、ママさんのお父さんとお母さんと妹のアッコちゃんが、はるばるぼくの面倒をみがてら留守番に来てくれた。

みんなには、子犬の頃会ったことがあるが、お花の先生をしているお母さんは優しそうだし、どっしりと貫禄のあるお父さんは、お得意の俳句で『ぬれ縁にムサシ遊べり玉あられ』（柊火）と詠んでくれたりした。

ママさんより十才年下のアッコちゃんは、その頃まだ高校生。ぼくと一緒になってふざけっこしてくれるおもしろいおねえちゃんだ。

久しぶりにみんなに囲まれたぼくは、はじめは、うんとはしゃいでいた。

けれども、パパさんとママさんが出かけてしまうと、急に火が消えたようにおとなしくなった。

「ムサシは、意外なほどおりこうさんだったのよ。でも、いま帰ってくるか……いま帰ってくるかと、庭でポツンと待っている姿が、なんだかいじらしくて……」

お母さんは、後でママさんにそう報告していた。

みんなにやさしく世話をしてもらったにもかかわらず、ぼくは神経性の下痢を起こし、パパさんたちが帰って来てからも、治るまで少々手間取った。

その下痢がやっと治って、ひと月もたたないある夜中のことである。

電話のベルに起こされたパパさんたちは、泣き声のアッコちゃんから、ママさんのお父さんが心筋梗塞で危篤だとの知らせを受けた。

一刻も早く行かなくてはならない。

パパさんとママさんは、お隣りのTさんにわけを話して家の鍵を預け、ぼくのことを頼んだ。

「ムサシ、おりこうさんに、お留守番しててね」

不安気なぼくの頭を何度もなでたママさんは、パパさんの運転する車に飛び乗った。

東北自動車道を突っ走り、仙台に到着したのは夜が明ける頃。

病院にかけつけた二人を待っていたのは、吉報だった。お父さんは、奇跡的に命をとりとめたのだ。

ママさんは、お父さんの容態が安定するまで少しとどまって、お母さんの手助けをすることになった。

パパさんは仮眠をとり、その日のうちにまた横浜へ。

家に帰ったパパさんは、疲れをとる暇もなく、仕事とぼくの世話とでてんてこまいだ。

急なことだったので、ぼくのごはんのストックもない。

パパさんの奮闘を気の毒がったTさんの奥さんが、ぼくの食事を引き受けてくれ、毎日ぼくが好きそうなものを作ってくれた。

幸いお父さんの容態も良い方に向かい、数日後には、ママさんが帰ってきた。

喜び迎えたぼくは、感激のあまり、うっかりシーシーまでもらしてしまった。

だって、こんなに長くママさんが留守をしたのは、はじめてだったのだ。

ママさんは、ぼくの顔をじっと見つめて言った。

「ムサシ、なんだか大人っぽい顔になったわねえ」

やがて、ママさんのお父さんもすっかり元気になり、ぼくの二才の夏には、こんなユニークな詩を作って、立派な書の額にして送ってくれた。

ムサシがドラムの夢を見る

ドラム……ドラム……と
春の月が笑っている
ドラムの夢を見ながら
ムサシはモルダウの霧の中に遊ぶ
踊りの輪と会い
古い城に出会って
感激の涙を流す
ドラムが高鳴る
モルダウのようにゴールに向かって
ムサシも進む

（柊火 詩）


パパさんとママさんは、一年程前から、音楽スクールに通い、アンサンブルを習っていた。

パパさんはエレキギター、ママさんはドラムとなかなか勇ましい。

その夏、二人が参加していたアンサンブルのグループが、箱根のゴルフの会のアトラクションで、ちょっとした演奏をすることになった。

ママさんは、二階の部屋のドラムセットで、毎日猛練習。

予定プログラムの中には、スメタナ作曲の『モルダウ』をアレンジしたものも入っていたが、ママさんからの手紙でそのことを読んだお父さんは、ドラムの音を聞きながら昼寝をするぼくの姿を思い浮かべて、そういう詩を作ったそうなのだ。

本番が近づくにつれ、パパさんとママさんは、演奏のことより、一晩ぼくを置いて行くことの方が気がかりだ。

二人の心配を吹き飛ばすように、「まかしといて！」とお守り役を引き受けたのは、ママさんの妹のアッコちゃん。その年高校を卒業したアッコちゃんは、春からうちに下宿して、近くの女子大に通っていた。幼稚園の先生になる勉強をしているので、ぼくのことも、三才児と同じように扱えばOKと、大張り切りだったが……。

箱根での演奏会が無事に終わり、ママさんが家に電話を入れてみると、アッコちゃんの心細そうな声が聞こえた。

「ムサシがごはんを半分しか食べないの。それに、ぜんぜん落ち着きがなくて……」

気をもんだパパさんとママさんは、翌日は、他のメンバーより一足先に箱根を発ち、大急ぎで帰ってきた。

ぼくの歓迎ぶりは言うまでもなく、アッコちゃんはもうグッタリ。

でも、この時はまだいい方だったのだ。

ひと昔前、仙台の東北大学の工学部に在籍していたパパさんは、学生生活の大半が〝陸上学部の学生〟といったほうがいいぐらい、走ることに打ち込んでいたそうだ。

大学院に進んでからは、研究室にこもり実験に明け暮れる日々になったが、それでも走る時間だけはどうにか見つけて、続けていたという。その鍛えた足を卒業後も復活させる行事が、年に一度の、東北大学陸上部員及びOBによる『秋保マラソン』。

仙台の評定河原グラウンドから秋保温泉までの約二十キロのハーフマラソンで、パパさんも毎年参加して、ちゃんと完走していた。

「ムサシがいるから、応援に行くのは無理ね」

あきらめていたママさんに、アッコちゃんが、ドンと胸をたたいて言った。

「ムサシにもだいぶ慣れたから、今度こそ大丈夫。安心して行ってきて」

「そうねえ……」

迷ったママさんだが、結局、パパさんと一緒に仙台に行くことになった。

いっしょうけんめいのアッコちゃんには申し訳ないが、そういう時に限って、ぼくは突如ワルになる。

パパさんたちが出かけた夜、ぼくは、一応おとなしくごはんを食べた。

「あー、よかった」

ほっとするアッコちゃん。が、よかったのはそこまでだ。

「ムサちゃん、ハウスよ」

そう言われたとたん、ぼくは、猛然とエンジンをふかした。

部屋から出そうとするアッコちゃんに、大あばれして抵抗したのだ。

部屋中駆け回って、台所用品をくわえてくるわ、布巾は振り回すわ……いたずらもやりたい放題。

つかまえようにも、忍者のようにひらりひらりと身をかわすぼくに、アッコちゃんは、なすすべもない。

そのうち、ぼくはアッコちゃんの目を見据え、盛大に吠えてみせた。

ワン！　ワンワンワンワン、ワンッ！

これには、さすがのアッコちゃんも降参した。

アッコちゃんは、仙台にいるママさんたちに、半べそで電話をかけた。

「ムサシが言うことききかないの。どうしよう、どうしよう……」

「はーん、ムサシとの知恵くらべだな」

パパさんは半分おもしろがったが、ママさんは心配の極致だ。

「お隣りのTさんの奥さんに頼んで、向こうから呼んでもらってみて」

ママさんに言われたアッコちゃんは、早速Tさん宅に事情を訴えた。

Tさんご夫妻がすぐに出てきて、フェンスごしにぼくを呼んだ。

「ムサシ、ムサシちゃん、おいで」

いいかげんあばれ疲れていたぼくは、その声につられて、ひょいと庭に降りてしまった。

それっ！　とばかり、ガラス戸を閉めるアッコちゃん。

ぼくは、しまった……と振り向いたが、もう遅い。

Tさんご夫妻になぐさめられたぼくは、あきらめて、スゴスゴと座り込んでしまった。

翌日、ママさんたちが飛んで帰ってきたが、その時のぼくの神経性の下痢はいつもよりずっとひどく、みんなを心配させた。

でも一つよかったのは、これがきっかけで、パパさんたちが、もう二人揃ってどこかに泊まりに行くのはよそう、と決めたことだ。

あー、やれやれ……

とにかく、ぼくは、いくつになってもお留守番だけは、大・大・大嫌いである！

23、旅、それとも犬？

ぼくを飼う前、パパさんとママさんは、大の旅行好きだったそうだ。

休日には、気の向くまま足の向くまま、山へ海へと出かけて行き、気に入った場所には、そのまま泊まってしまうこともあったという。

特に夏休みは徹底している。

新婚旅行で行った北海道にすっかり魅せられた二人は、約十日間の夏休みをすべて北海道旅行に当て、出発まであと何日！　と日めくりまで作って計画を練る気の入れようだったとか。

アルバムを開くと、たくさんの写真の他に、ママさんがメモした旅行記や食べたものの記録までが、ぎっしりとつまっている。

最近は海外旅行ブームだそうだが、ママさんは「外国か北海道かどちらかを選べと言われたら、絶対に北海道！」と、たいそうなひいきぶり。

年に二、三回海外出張があるパパさんも「外国もいいけど、北海道だって負けてないよ」と、太鼓判を押す。が、どっちにしても、お留守番が苦手なぼくがいては、二人揃っての旅行なんて夢のまた夢。

今は旅行よりぼくが大事だからと、わりきっている二人だが、それをきいて納得できない人もいる。

「犬なんて、誰かにエサやりを頼むか、ペットホテルに預けるかすればいいのに」

「ムサシを？　無理、無理」

パパさんとママさんは手を振った。

『ペットホテル』といえば体裁よく聞こえるが、所詮は狭い檻の中。

理由もわからずそんなところに閉じ込められ、置いてきぼりにされたら、ぼくは、いっぺんに神経がまいってしまう。

それに、ぼくは『エサやり』なんていうイメージの食事はしたことがない。

（もっとも、ある本の中の「正しい日本語の使い方」のページをめくると、犬には、『エサをやる』が正しくて、『ごはんをあげる』は間違いなんだそうだ。でもママさんは、もしテストにそんな問題が出たら、減点されてもいいから『ごはんをあげる』の方にマルをつけると言っている）

中には、「犬は、一、二日食べなくたって死にはしないよ」と、極端なことを言う人もいるが、そういう物理的な問題ではないのだ。

なぜ？　と思うかたは、その言葉の中の「犬」のところを「人」または「子供」に置き換えてみていただきたい。

まあ、そこまで神経質には考えないまでも、やむを得ない場合は別として、人間だけの長期旅行の楽しみをあきらめきれない人は、安易に犬を飼うべきではないと、ぼくは思う。

24、ママさんの病気

話は前後するが、箱根の演奏会が済んで間もない夏の終わり頃。

ぼくは、家に居るはずのママさんに、なかなか会わせてもらえないことがあった。

ママさんは病気になったのだ。

疲れとカゼがもとで、二週間近くも寝込むことになってしまった。

パパさんとアッコちゃんが、交替で食事の用意やぼくの世話をしてくれたが、ぼくは、不安で庭の隅にじっとしてばかりいた。

そのうち、ママさんが一階の日本間で寝ているのを知ったぼくは、なんとか中に入りこもうと機会をねらった。その部屋の前は散歩に行くとき必ず通りかかる。ぼくは、パパさんのスキをついて入口へ突進した。あわてて止めようとするパパさんを振り切り、ふすま式の戸を必死に引っかき開けて、ママさんの枕元に飛んで行った。

「あら……ムサシ、よくきたわねえ……」

か細い声で言ったママさんが、布団から手をのばしてなでてくれる。

ぼくは、すっかりやせてしまったママさんの顔を、のっぺらぼうになるほどペロペロなめ回した。

パパさんが叱ろうとすると、ママさんは、ぼくに会ってかえって元気が出たと言い、それからは、散歩の前後にちょっとママさんのところに寄って、「行ってらっしゃい」「おかえりなさい」と、なでてもらうことを許された。

ママさんが少しずつ起きていられるようになると、ぼくは、ママさんに負担をかけないように、一緒におとなしく座っているだけで満足した。

そして、ママさんが回復するにつれて、またピョンピョン跳ねるようになり、パパさんに、正比例のグラフのようだと言われた。

ぼくたち犬は、そういうところは非常にデリケートなのだ。ただし、パパさんが酔っぱらって具合が悪い時だけは、絶対に同情しないことにしているが……。

ママさんが病気の間、ぼくはとっても心細かった。パパさんやママさんには、ぼくが思いきり飛びつけるぐらい、いつも元気でいてほしい。

25、やきもち

油絵を描いている近所のNさんの奥さんが、ある日、ぼくをスケッチがてら、うちを訪れた。

ガラス戸ごしのぼくを見ながら、プロのお手並で、サッサッとペンを動かしはじめる。ところが、ぼくは、お茶の用意をしているママさんを目で追いかけるのに忙しく、ちっともじっとしていない。

Nさんの奥さんは、あきらめたようにペンを止めて言った。

「ムサシのあの目。まるで憧れの恋人でも見ているみたいよ」

結局、ぼくはモデル失格。

恋にはやきもちがつきもの……というわけではないが、ぼくたち犬は、けっこうやきもちやきである。

ぼくも、ママさんを独占したい気持ちはかなり強い。

となると、最大のライバルはパパさんで、ぼくはいつも庭から二人の様子を見張っていて、ある程度以上接近すると、ピイピイ言って牽制することにしている。

玄関に誰かが来た時や、電話が鳴った時なども、ガラス戸に飛びついてピイピイ騒ぐぼくを見て、「ムサシは、家の人にちゃんと教えて偉いわねえ」と、みんなが誉めてくれるが、実は、それもたんなるやきもち。ぼくは、ママさんが「ハーイ」と出て行って、よその人と話すのがいやなのだ。

ママさんが話し終わるまで、ぼくはピイピイ言い続け、フェンスをかじったり、水飲み台のバケツの下に頭を突っ込んで、バッシャーン！　とひっくり返してしまったこともある。

ムサシタイム中に、ママさんとTさんの奥さんが、庭ごしに話し込んでいたりすると、ぼくは、何とかこちらに注意を向けようと、あの手この手を使う。

ジャンプしてとった布巾を振り回す、テーブルの上に飛び乗る、庭から石や木の枝を部屋に持ち込む、etc……ふだん「してはいけません」と禁じられていることばかりだ。

それでもおしゃべりが終わらない時は、ママさんの服の袖口をくわえて、グイグイ引っ張ってみる。袖口にはたちまち穴があき、たまりかねたママさんが、

「それではまた……」

と挨拶すると、ぼくもピタリと静かになる。

そして先に部屋に駆け上がり、戻ってきたママさんに、顔をすりつけたりひっくり返ったりして、せいいっぱいのお愛嬌をみせる。

犬のイタズラは、現行犯で叱らなければ意味がない。

ママさんはしかたなく、模範児童にかえったぼくの頭をなで、ため息つきつき散らかったものを拾い集める。

電話の時も同じ苦労をしたママさんは、一時期、ムサシタイム中はベルが鳴っても受話器をとらないことにした。が、そういう時に限って、ねらったようにベルが鳴る。

そうそう居留守を決め込むわけにもいかず、困ったママさんは、パパさんに頼んで、リビング・ルームにコードレス・ホンをつけてもらった。

これなら電話中も自由に動けるので、ぼくのイタズラを止めたり、なだめたりもできる。でも、それをいいことにあんまりおしゃべりが長くなると、ぼくはわざと受話器の近くでワンワン言って、自分の存在

をアピールしている。

ところで、ママさんは週に三日ほど、近所の子供たちにピアノを教えている。

はじめは、その時間も気に入らなかったぼくは、木の枝をブンブンしてガラス戸にぶつけたり、ドン！とガラス戸を叩いたり、ハデな八つ当りのしかたをしていた。

そのうち、レッスン中は何をしても、ママさんが振り向いてくれないことがわかり、ぼくもむだな騒ぎはやめることにした。

今は、ガラス戸の前でレッスンが終わるのをじっと待っていて、ママさんの「はい、今日はここまでにしましょう」という声が聞こえたとたん、ピイピイピイピイ言って、押さえていたストレスを一気に発散させる。

ママさんにおこられ、ぼくにまで文句を言われる生徒さんたちは、まことにお気の毒さまである。

26、お風呂場から出られなくなる

十二月に入ると、ママさんは、庭のモミの木を鉢に移し、赤いリボンや小さなリンゴの飾りをつけて玄関前に置く。

ドアには、手作りのクリスマス柄のパッチワークのリースを掛け、部屋の中にも、デコレーションして点滅する電気をかけた白いクリスマスツリー。サンタさんやトナカイや、くまやキャンドルなどの飾りの他、壁にも様々なオーナメントやカードがピンで止められ、家中がクリスマス・ヴァージョンである。

クリスマス柄の食器も出され、クリスマス会用のお菓子や料理の計画が立てられると、ぼくもなんだかウキウキしてくる。

飾りつけをすませたママさんは、きれいな布切れや、キラキラ光るビーズなどが入ったバスケットをそばに置いて、クリスマスの音楽をバックに、親しい人へのプレゼントにするぬいぐるみや小物作りに勤しむ。

そんなある雨上がりの日のことだ。

掃除や洗濯をすませたママさんは、寸刻を惜しんで、またせっせとハサミや針を動かしていたが、ふと時計をみると、そろそろ昼のムサシタイムである。

ママさんは、どんなに忙しくても、ムサシタイムだけはおろそかにしない。

「ムサシ、おいで！」

雨の後なので、どろんこ足のぼくは、まずはお風呂場に直行。

いつものように、お風呂場のドアを閉めたママさんは、シャワーでていねいにぼくの身体や手足を洗った。

「よしよし、きれいになったかな？　さあ、お部屋に行きましょう」

シャワーを止め、ドアノブに手をかけたママさんは、一瞬、あれっ？　と思った。そして次の瞬間、しまった！　と青くなった。

うちのお風呂場の押しボタン式の鍵は、へんなつき方をしている。

ボタンが外の方にあるので、入る時うっかり押してドアを閉めてしまったら最後、中からは絶対に開けられない。

ママさんは、そのうっかりをやってしまったのだ。

ぼくたちは、自分で自分を閉じ込めるという、おかしな羽目に陥ってしまった。

「どうしよう……」

うろたえたママさんを、ぼくはペロペロとなめた。ママさんが一緒なので、ぼくはあんまりあせってはいない。ママさんは、ぼくの頭に手をおいて、落ち着け、落ち着け……と自分に言い聞かせた。

ドアがだめなら出口は窓だけだ。

ちょっと高い位置だが、とにかくママさんだけでも先に出られれば……ガラッと勢いよく開けたママさんは、がっかりした。ふだんは気にもとめていなかったが、窓の外には防犯用の鉄柵ががっちりと付いており、金ノコでもなければとてもはずせない。

ぼくたちは、鉄格子の中の囚人さながらである。

あせったママさんは、厚いすりガラスのドアを蹴破ろうかとまで考えた。が、それでは破片でぼくが怪我をする危険がある。

さて万事休すだ。これはどうしても人の助けがいる。

お風呂場の窓からは、左手百八十度にTさん宅、右手百八十度がFさん宅である。しかし、Tさんの奥さんは、その朝外出したようだった。

どうか、Fさんの奥さんがいてくれますように……、ママさんは祈るような気持ちで、窓の柵にできるだけ顔を近づけ、声を限りに呼んだ。

「すみませーん！　Fさーん、Fさーん、いらっしゃいますかあー！」

町内中にも響きわたるようなママさんの声は、寒い日で戸を閉めていたFさん宅の家の中にも、しっかりと届いたらしい。

「どうなさったの？　お怪我でもしたの……？」

すぐに出てきてくれたFさんの奥さんが、ママさんの声の発信源を探している。

Fさんの奥さんは、ママさんが病気の時、心配して夕飯を差し入れしてくれたりした、よく気のつくやさしい人である。

「こっちですー！　お風呂場なんですけど……」

ママさんは、鉄柵にしがみついてわけを話し、庭から家に入って助けて下さいとお願いした。

ママさんの説明通り、大急ぎでフェンスの扉を開け、庭からリビング・ルームに上がって、お風呂場前に到着したFさんの奥さんは、ドアノブをちょいとひねって、ぼくたちを自由の身にしてくれた。

その時はお互い夢中だったが、ぼくをハウスにした後、あらためてFさんの家にお礼に行ったママさんは、奥さんと顔を合わせるなり、どちらからともなく吹き出してしまったそうだ。

その夜、話を聞いたパパさんは、ママさんのオッチョコチョイを笑う笑う。だけど、閉じ込められたとき落ち着いていたぼくのことは、うんとほめてくれた。

27、暴走事件

また年が明けた。

ぼくは数えで三才になる。

穏やかな元日の朝、町内の家々には、門松やしめ縄が飾られ、お正月らしいムードが漂っている。

ぼくとパパさんとママさんは、新年の抱負など話しながら、のんびりと朝の散歩を楽しんでいた。

と、前方の十字路の左手から、突然、ぼくよりも一回りほど大きいこげ茶色のコリー犬が現われた。

あっ、綱がついていない！

パパさんとママさんが思った時は、コリー犬は、もう真っしぐらにこちらに向かって走ってきた。

そして、とっさにぼくの前に出たママさんの横をすりぬけ、ぼくの首すじにガブリとかみついてきた。

犬が首すじを狙うのは、本気で戦おうとしている時だ。

ぼくはすぐに振りほどき、応戦しようとした。が、パパさんががっちり引き綱を絞っているので、自由に動けない。

飼い主の人が走ってきて引き綱でコリー犬を打ち、やっと取り押さえた。

ブツブツとコリー犬に当たっている飼い主の人を見て、パパさんが怒る。

「その犬が悪いわけじゃないよ。ちゃんと綱をつけてなきゃダメじゃないか！」

するとその人は、ぶ然としてぼくたちをにらみ、犬をひきたてるようにして立ち去ってしまった。

「あのやろう、すみませんぐらい言えないのかよ」

そうだそうだ、ワンワン！

気がおさまらないパパさんとぼくを、ママさんが、まあまあとなだめる。

「お正月なんだから抑えて抑えて。ムサシも、怪我しなくてよかったわねえ」

「ムサシは強いんだ。あんなのに負けてたまるか！」

そのパパさんの鼻息がうつったわけではないが、それから一週間後、ぼくは、とんでもない事件を起こしてしまったのである。

それは、ママさんを完全にノックアウトし、ぼくたちは、みじめで苦しい何週間かを過ごすことになった。

　事が起きたのは、お正月休み明けの朝の散歩中。

その日、いつものように『星の道』にさしかかったぼくとママさんは、柴犬を連れた男の人が、モミの木の公園から出てくるのに気がついた。

向こうもぼくたちに気がつくと、何か避けるように、急いで公園の中へ戻って行く。こちらだけ堂々と行くのを気がねしたママさんは、「ムサシ、こっちから行こうね」と、ぼくを横道の方へと引っ張った。

ふだんのぼくなら、道を変えられてもちゃんと従う。

でも、柴犬が引っ込んだ公園にキッと目を向けていたぼくは、いやだと言った。

「ムサシ、ほら、こっちよ」

ママさんがなおも引っ張る。

いやだ、あっちに行くんだ！

ぼくは強情を張って、ブンと首を振った。と、次の瞬間……なんと、ぼくの頭は、スポン！と首輪から抜けてしまったのである。

「あっ、ムサシ！」

驚いたママさんの声を後ろに、ぼくは弾丸のように公園へと飛んで行った。

足が地についていないと思うほどのスピードだったという。

夢中で後を追ったママさんが、公園にたどり着いた時は、ぼくはすでに柴犬と絡み合い、側で男の人が「ウワア！　ウワア！」と悲鳴を上げていた。

動転したママさんが叫ぶ。

「ムサシ、止めてっ！　お願い、止めて！」

ママさんは、ぼくを捕まえようとしたが、寒さでかじかんだ手がさらに引き綱に束縛されて、うまく言うことをきかない。ママさんはひどい冷え性で、冬は特に手の感覚が鈍る。それでいつも手首に引き綱をしっかりと巻き付けていたのだ。

ぼくは、冷静さを失ったママさんの声を聞いて、ますます興奮してしまった。

柴犬の方も負けてはいない。

牙をむき、唸り声をあげて、激しく応戦してくる。

ぼくたちがちょっと離れたすきに、男の人が柴犬を抱き上げて逃げようとした。しかし、逃げられれば追いかけたくなるのが、ぼくたちの本能。

抱き上げられた柴犬は、興奮のあまり、男の人の手をめちゃくちゃに噛んでもがいている。そのうち、とうとう柴犬の方の首輪も抜けてしまった。

男の人の手から飛び降りた柴犬が、また猛然と飛びついてくる。

ぼくたちは、再び絡み合いながら、モミの木の前の茂みへところがって行った。

いくらか手がきくようになったママさんが、間に入り、ぼくを押さえて止めさせようとした。その時だ。

かがんだママさんの顔に、柴犬がすさまじい勢いで噛みついたのだ。ママさんの右目のまわりに少し血がにじむ。それを見たぼくは、本気でいきり立った。

ガウガウうなったぼくは、柴犬もろとも雪柳の茂みにつっこんで行った。

一方、柴犬に噛まれたママさんは、そのショックでかえって頭が冷めたという。

ママさんは、チャンチャンバラバラやっているぼくの首に飛びつくと、動物の母親が子供を叱る時のように、思い切ってぼくの眉間を噛んだ。

効果てきめん。ぼくはハッと我に返った。

火が消えたようにおとなしくなったぼくに、ママさんが急いで首輪をはめる。

男の人も、やっと自分の犬を取り押さえたが、カンカンに怒っている。

「その犬は、気が狂っとるっ！」

怒鳴るのも無理はないと、ママさんはうなだれた。

平和な散歩中に、いきなり鼻息の荒い大きな犬が飛び込んできたのだ。大の男の人でも、さぞ恐かったにちがいない。

「申し訳ありません。この子を家に置いてから、あらためてお詫びに伺いますので……」

ママさんは相手の人の名前と住所を聞き、とりあえず、ぼくを家へ連れ帰った。

ぼくは、いまにも泣きだしそうなママさんの後を、しゅんとしてついて行く。

家に着くと、ママさんはいつも通り、ぼくに水を飲ませ、チーズやビスケットを食べさせてくれた。

「心配しなくていいのよ。ムサシは悪くないの。首輪が抜けたのは、わたしの責任なんだから」

そう言って、ぼくを庭に出したママさんは、何はさておき謝りに出かけた。

聞いた番地を頼りに相手の人の家を見つけたママさんは、あ！　と思った。

そこは、いつも柵の中から急に乗り出して吠えかかる犬がいるので、前を通るのを避けていた家だったのだ。

ぼくは、その犬とやり合ったわけである。が、今はそんなことをとやかく言ってはいられない。

呼び鈴を押したママさんは、吠えまくる柴犬に、心から謝った。

「ごめんね、こわい思いをさせてごめんね」

ウーッと牙をむいた柴犬は、家の人が出て来る前に、またママさんの手をガブリとやった。ぼくがその場にいたら、ただではすまさなかっただろう。

玄関が開いて、手を赤チンだらけにしたさっきの男の人と奥さんが出て来た。

ママさんは、何度も何度も頭を下げて謝り、念のために柴犬を病院に連れて行くことと、その人の手の傷の治療に責任を持つことを申し出た。

ぼくは少々不満だ。

なぜって、ぼくは人の手なんかかじっていない。その人の手を噛んだのは、抱き上げられた時興奮していた柴犬の方である。

でもママさんは、そもそも首輪が抜けたことがすべての原因で、責任はいっさいこちらにあるのだから、言い訳などできないという。

ママさんはいったん家に帰り、パパさんの会社に電話をかけた。

泣く泣く事情を話すと、パパさんは飛んで帰って来てくれた。

パパさんの車で、二人はまた相手の人の家に行った。柴犬を獣医さんにみせるためだ。

ぼくのかかりつけの先生は、あいにく外出中で、パパさんたちは、しかたなく他の病院にまわった。

お医者さまは、柴犬の身体をあちこち調べて言った。

「ははん、噛まれたところがちょっと打撲のようになってますが、たいした傷はありませんね。ケンカした相手の犬は？……えっ、シェパード？　だったら、じゃれてただけなんじゃないんですか。シェパードにまともにかみつかれたら、こんなことでは済みませんよ」

お医者さまに笑われ、パパさんとママさんは、ホッとしたような気の抜けたような気持ちになった。

が、結果の軽さと事の重大さとは別である。

その夜、パパさんとママさんは、あらためて相手の人の家にお詫びに行った。

会社の方の病院で診てもらったという男の人は、かみ傷が二十数カ所もあってしびれもあり、その日一日仕事にならなかったと、朝よりもっと怒っている。あくまで、ぼくを狂犬だと思っているらしく、ぼくが噛んだのではない言ったところで、とりあってもらえそうにない。

一応、狂犬病の予防注射の証明書を渡すと、その人は、ぼくのことを保健所に連絡すると言った。保健所ですって？　ママさんの心臓がドキンとなった。

ママさんは、自分はいくら責められてもしかたがないと覚悟していた。けれども、保健所となると、ぼくの身に直接かかわってくる。

ママさんの頭に、昔のクロのことが浮かんだ。

保健所……暗い檻の中、鳴き叫ぶぼくの声……恐ろしい想像はどんどんエスカレートし、家に帰ったママさんは、気がくじけてしまった。

ぼくをそんなところに引き渡すぐらいなら、今のうち、自分の手の中で安らかに逝かせてやった方が……そんなことまで考え、混乱しているママさんに、パパさんが言った。

「それはいけないよ。ムサシにも生きる権利があるんだ」

ママさんはハッとした。とんでもないことを考えた自分を後悔した。

「ごめんね、ムサシ、ごめんね……」

泣いて謝るママさんの顔を、ぼくはいっしょうけんめいなめ返した。

細かい状況はわからないが、ママさんの様子が、いつもとぜんぜん違っていることが、ぼくを不安にさせていた。

ぼくはママさんにくっついて前よりもっと甘え、そんなぼくをかわいく思えば思うほど、ママさんは自分の過失を責めた。

その夜、悪い夢にうなされ続けたママさんは、翌朝には不整脈を起こして倒れてしまった。柴犬に噛まれた目のまわりや手も、ズキズキ痛むようだ。

ぼくは心配で、ウロウロするばかり。だが、状況は少し好転した。

パパさんから、ママさんの顔や手の傷のことを聞いた相手の人が、保健所の件はナシにしますと言って来たのだ。

保健所に届けると、当然、ママさんに噛みついた柴犬の方も問題になるからということらしい。

男の人が病院からもらっているという傷の薬までわけてくれ、ママさんは思わず、柴犬が噛みついてくれたことに感謝した。

しかし、そのかわり……と、相手の人は、条件を出した。

今後、ママさん一人では、ぼくの散歩をしてはいけないし、パパさんが散歩させる時も、口輪をはめて欲しいというのだ。

口輪の件は、ぼくたちの気持ちをまた曇らせた。口輪をはめて歩くなんて、ぼくがあまりにみじめである。

パパさんは、けんめいに説明した。

ぼくが、決して噛みぐせのある犬ではないこと。今回の原因は首輪が抜けたことにあるのだから、これからは、絶対に抜けることのない胴輪をつけての散歩を考えていること。

話し合いは一時保留となったが、パパさんは、必ず良い方向にもって行くからと、ママさんやぼくを励ました。

次の日。びっくりするようなことが起こった。

相手の人の奥さんが子供たちを伴って訪れ、

「ご主人が引き綱を持つなら、どうぞ胴輪でお散歩して下さい。口輪は犬がいやがるでしょうから」

と言ってくれたのである。男の人も承知のことだという。

ママさんは感激して、奥さんたちを、どうぞと家の中に招き入れた。

ママさんがちょうどテーブルの上に開いていたぼくのアルバムのたくさんの写真を見て、奥さんはとても驚いたようだった。

二人の子供たちも、ガラス戸ごしのぼくを見て「かわいい」と言い、みんなニコニコして帰って行った。

パパさんとママさんは、その夜も相手の人の家に電話をして、手の傷を見舞った。完治までまだ数日はかかるとのことだ。

もし、後遺症でも残ったらどうしよう……ママさんにとっては、醒めない悪夢の中のような毎日が続いた。

ニュースなどで少年少女の事件が報じられると、ママさんは〝加害者〟となった子供の親たちの心情が、痛いほどわかる気がした。

理由はどうあれ、世間では常に〝被害者〟は善で〝加害者〟は悪である。

今回のことを知ったまわりの人たちも、ママさんやぼくを、白い目で見るようになるのだろうか……？

そして、事件から一週間が過ぎた。

毎日、訪問や電話でのお見舞いを続けてきたパパさんとママさんは、その夜、ようやく傷が完治したとの報告を受けた。

本当に長く苦しい一週間だった。

ママさんのショックはまだまだ消えたわけではないが、とりあえず一段落である。

ホッとした表情のパパさん。ぼくたちを一言も責めずに、冷静にすべてを取り仕切ってくれたパパさんには、ぼくもママさんも感謝でいっぱいだ。それから、何よりうれしかったのは、このことを知ったまわりの人たちが、ぼくたちを白い目で見るどころか、あたたかく励ましてくれたことである。

「そんなに気にすることないわよ。人間を襲ったわけじゃあるまいし、犬同志のケンカなんて、しょっ中あることじゃない」

「ムサシは大きいから大騒ぎされただけよ」

「いいかげんな飼い方をされて、逃げだしてほっつき歩いている犬たちの方が、問題だと思うわ」

「犬のケンカで大騒ぎするなんて、日本ってつくづく狭い国ね」

中でも、お隣りのTさんのご主人は豪快だ。

「おとなしすぎるムサシが、はじめて犬らしく振舞ったんだ。ムサシも男になったと、赤飯炊いて祝ってやれ！」

みなさんのやさしさが、こんなに身にしみたことはない。

たくさんの励ましに、ママさんの気持ちにも、しだいにゆとりが出てきたようだ。

くよくよするより、この経験を前向きに生かそう……自分の落度からムサシを失うことにならないように、しっかりしなくては……。

そう決心したママさんの顔に、また笑いが戻った。

あんなことがあったにもかかわらず、ぼくは、パパさんやママさんにとって、なくてはならない存在なのだ。必要とされているという感覚は、犬としてもうれしいものである。

28、ガラスを破る

暴走事件のほとぼりもやっとさめた、三月のある夜のことだった。

ぼくとパパさんは、例によって、ボールの取り合いっこをしてふざけ回っていた。

互いに挑発したりされたりの大騒ぎ。

ボールをくわえかけたぼくを阻止しようと、パパさんが首輪をつかむ。これはフェアーじゃない。

ぼくは、押さえられた首を支点に、ブンと思いきり身体を反転させた。とたんに、
ガッシャーン！

ものすごい音がした。

一瞬、何が起こったのかわからず、みんな顔を見合わせている。

ハッとしたママさんが、カーテンを上げてみた。

なんと、リビングの右側のガラス戸がメチャメチャに壊れて、床や庭に散らばっている。

身体を振ったとき遠心力が加わったぼくのお尻が、効果的にガラスを直撃したのだ。

ふと気がつくと、ぼくの左足からポタポタ血が落ちている。

「たいへんだ。向こうの部屋に行って、はやく手当してもらいなさい」

パパさんの指示に従い、ぼくはママさんは連れられて日本間へと避難。

ママさんは、傷口にガラスが刺さっていないことを確かめると、消毒してガーゼでギュッとしばった。

一方パパさんは、Tさん宅に頼んで裏側の電気をつけてもらい、一人、庭に落ちたガラスの後始末に奮闘している。

ママさんは、ぼくがパパさんの邪魔をしないように押えながら、掃除機で部屋の中のガラスを吸い取った。

「やれやれ、やっと終わった」

しばらくして部屋に上がってきたパパさんが、おかしさをかみころすように言った。

「ガラスの割れた音を、近所の人たちは何だと思ったかなあ。夫婦喧嘩して、バットでも振り回したと思われたんじゃないかな?」

「まさかあ」

笑ったママさんは、血が止まったぼくの足のガーゼをはずしながら、ため息をついた。

「今年はなんだかアクシデント続きねえ。このくらいで済んだからよかったけど、大怪我でもしたらたいへんよ」

ぼくは傷口をペロペロなめた。思ったより浅い傷で、病院に行かなくても大丈夫そうだ。

翌日、新しいガラスを入れにきたガラス屋さんは、ぼくが、庭からガラスを突き破って飛び込んだと思ったらしい。

ぼくの方を、こわごわ見ながらママさんに言った。

「ここは、強化ガラスにした方がいいんじゃないですか?」

「いいえ、大丈夫です」

ママさんは笑って断わった。

原因を知っているママさんは、ぼくが、わざわざガラスを割ったりすることなんかないと思っていたのだ。

ところが、新しいガラスが入って間もなくのこと。

ぼくは、ガラス屋さんの方が正解だったことを証明してしまった。

その日は、ピアノの生徒さんの一人が、レッスンとは別に遊びに来ており、夕方になっても、なかなか帰る気配がなかった。

もうとっくにムサシタイムなのに……、おなかがすいたのも手伝って、ぼくはイライラしてきた。

ピイピイ言っているうちにイライラが最高潮に達し、ぼくは、ドン！ と思いきりガラス戸に（今度は左側だ）八ツ当りした。

ガシャガシャーン！

ガラス戸はあっけないほど簡単に壊れ、ぼくは、そのままポンと部屋の中へ着地していた。

自分でもポカンとする中、音にびっくりしたお隣りのTさんの奥さんとK君が、

「どうしたのっ?」

と、家から駆け出してきた。

「ムサシが、ラッシーになったんです〜」

情けない声で言うママさん。（アメリカ映画で有名な名犬ラッシーは、閉じ込められた部屋から、窓ガラスを突き破って脱出するという特技を持っている）

ママさんは、生徒さんに帰ってもらい、急いでガラスの後始末にかかった。

ラッシーを演じたぼくは、顔をちょっと切っただけで、たいしたケガもない。

ママさんがガラスの掃除をしている間、ぼくは部屋の隅に座って自分の雄姿（?）を思い返していた。

ぼくがいつも飛びつく左側のガラス戸は、即、強化ガラスにかわり、この間新しいガラスを入れたばかりの右側には、万が一割れても飛び散らないように、防御用の透明シートが貼られた。

そして、これをきっかけに、ママさんたちは、たとえお客様中でも、ムサシタイムを最優先することを、ぼくに約束した。

うちにみえたお客様は、飲んでいても食べていても、ムサシタイムになるといったん他の部屋に移っていただき、ぼくのごはんや散歩や遊びがひと通りすんでから、またリビング・ルームへと戻っていただく。

それなら、はじめから他の部屋でおもてなしすれば？　と言われそうだが、ぼくは、自分の目が届かない部屋で、ママさんたちがお客様の相手をするのはイヤなのだ。

幸い、うちにみえるお客様はたいてい犬好きで、ぼくたちのワガママにも、気を悪くせずに応じてくれる。ぼくは感謝をこめて、ムサシタイム以外はちゃんとおとなしくして、みんながゆっくり過ごせるようにしている。

29、命と責任

ある夜、パパさんとママさんが、真面目な顔つきでテレビを見ていた。

現代は人間ばかりではなく、犬の高齢化もすすんでいるとのニュースだ。

少し前まで、犬の寿命は十年ほどだと言われていたが、今では十五年以上生きられる例も多くなってきたそうだ。が、それに伴い、犬の世界でも、老化によるボケや身体の障害などが問題になってきているという。

「ムサシは上手に年をとらせてやりたいね」

パパさんとママさんは話し合った。

いったん飼った犬は、たとえヨボヨボになっても、最後まで心を込めて世話をするのが、飼い主として当然のことだと、二人は信じている。

だけど、もしその上で、最悪の場合に陥ったとしたら……？

最悪の場合というのは、目も耳も足腰もきかず、飼い主のことさえわからなくなる〝植物犬状態〟になってしまったり、いたずらに苦しみが長引く場合だ。

「わたしだって、そんな状態になったら、無理やり生かされるのはいやだわ」

と、ママさん。

「そうだなあ……けど、時と場合によっての判断を正しく行なうのは、とても難しいことだよ」

パパさんは慎重に言った。

人間社会の中で、犬の生死に関する判断のよりどころは、飼い主の心のみである。

人間なら一つ一つの命が大切に扱われ、動物園などで特別待遇されている一部の動物もそれに準ずる。

だが人間に一番身近で、一番愛情を注ぐ犬に関してはどうだろう？

ありふれた動物だからと、粗末に扱われすぎてはいないだろうか？

いくら動物の安楽死が認められているからといって、毎日毎日たくさんの命が、ゴミのように捨てられていくのは異常である。

生か死か……犬を迎えた瞬間から、飼い主は、その重い責任を委ねられるのだ。

いざというときの判断を誤らないためにも、飼い主は、命と向き合う意識を、しっかり持っていなくてはならない。

「わたしたちは、どんな時でも、ムサシへの愛情に責任を持てるかしら？」

「Yes、と言えるようにしたいね」

パパさんとママさんは、ぼくの頭を大事そうになでながら言った。

今年もクリスマスが間近である。ママさんは、ぼくの代筆をしてサンタクロースに手紙を書いた。本物のサンタさんもステキだが、ぼくにとっては、パパさんやママさんが最高のサンタクロースだ。

ムサシ、現在三才三カ月。

きのうも今日も、そしてきっと明日も……ぼくは、元気いっぱいのハッピー・ドッグである。

（一九八五年　秋　三才三カ月まで）

30、それから

それから約七年がたった。ぼくも、この夏でついに満十才。

ヒゲの二、三本と、顎のところがちょっと白くなったが、毎日ブラッシングしてもらっているブラックタンの毛はつやつやだし、目も耳も足腰もいたって健在。

立っているパパさんの顔の高さぐらいだって、かるくジャンプできるし、お年寄りだなんて言わせない。

ぼくたち二人と一匹の毎日も、基本的にはちっとも変わっていないが、いくつかのハイライトをつけ加えてみようと思う。

まずはママさんのこと。

三才までのぼくの日記を代筆して、身近な人たちにも見てもらっていたママさんが、ある日、ぼくに相談をもちかけた。

「ねえムサシ。ムサシの日記を読んでくれた人たちが、どこか出版社に送ってみたら？　って言うの。どうする？」

シュッパンシャなんていうから、新種のパンのことかしらん？　と思ったぼくは、『お行儀』のポーズをして、うんうん！　と同意。

ママさんは笑ってパンを一切れくれ、シュッパンシャとは、本を作っているカイシャのことだと説明した。なんだかよくわかんないけど、ママさんの好きにしていいよ、とぼく。

思い立ったら吉日のママさんは、お気に入りの絵本を出している「ポプラ社」というシュッパンシャを選び、ぼくの日記をエイッと送ってみた。

そして、そのことがきっかけで、なんとママさんの方が、本を書く人になってしまったのだ。ママさんのデビュー作は、人間の女の子を主人公にした少女小説。

ママさんは、ぼくを先にデビューさせられなかったことを残念がったが、ぼくは、ママさんが「ムサシのおかげで本ができたのよ」と言ってくれるだけで、誇らしい気分である。

そして、パパさんもがんばった。

会社の仕事のかたわらコツコツと自分の研究を続けていたパパさんは、その成果をまとめた論文が認められ、ママさんの第一作目出版とほぼ時期を同じくして、工学博士の学位を取得したのだ。

その年ぼくは七才。

〝ドンドン病〟が、エスカレートしはじめた頃でもあった。

〝ドンドン病〟とは……みんなが寝静まった夜中、ふと目を覚ましたぼくが、ガラス戸をドンドン叩いて、パパさんやママさんを呼ぶことだ。

最初はそんなにしょっ中ではなかった。

パパさんとママさんは、ぼくがドンドンするたびに起き出して、原因を調べた。

あやしい者でもいるのか？　こわいものでもあるのか？……しかし、まわりには何の異変も見当らない。季節は？　天候は？　体調は？……あれこれデータもとってみたが、これといった一貫性はなく、〝ドンドン病〟の頻度は増すばかりである。

ドンドンドンドンドンドン……真夜中に響くガラス叩きの音。

「ムサシ、いけません」

二階から、眠そうなママさんの声。ぼくは、さらに続ける。

「いけません！　ムサシ」

今度は少し強いパパさんの声がした。

ドンドンドンドンドンドンドン……ぼくは、やっきになって叩き続ける。

近所迷惑を心配したパパさんが、リビング・ルームに降りて来た。

「ムサシ、どうしたんだ？」

ドンドンドンドンドン……。

「いけません」

ドンドンドンドンドンドン……。

「やめなさい！」

パパさんが、部屋の中からドンとガラス戸を叩き返したとたん、ビリッという音。

「いっけねー」と、パパさん。

普通のガラスが入っている右側の戸に、ひびが入ってしまったのだ。

防御用のシートを貼っていたので、バラバラにはならずにすんだが、壊れるのは時間の問題。

結局、そこも強化ガラスにすることになった。

ガラス屋さんに頼むと、入荷するまで二週間はかかるという。

しかたなく、その間は雨戸で代用することになったが、ぼくの〝ドンドン病〟は止まらない。

それどころか、雨戸をひっかき、ガリガリかじって穴をあけてしまうほどなので、パパさんとママさんは、新しいガラスが入るまで、リビング・ルームにぼくを入れて一緒に寝ることにした。

ぼくは大喜びだ。

新しいガラスが入ってからは、また庭で寝かされたが、〝ドンドン病〟がはじまると、パパさんたちが布団をかついで、リビングに降りて来てくれるようになった。

ガラス戸ごしでも、見えるところにいてくれさえすれば、ぼくは安心してドンドンをやめる。

そんなことがしばらく続き、毎晩のように夜中に起こされるのがつらくなってきたパパさんとママさんは、とうとう、はじめからリビング・ルームで寝ることに決めた。

ヤッター！　ぼくの粘り勝ちである。

二人は、ぼくが寂しくてドンドンするのだということを、やっと理解してくれたのだ。

それ以来、ぼくの〝ドンドン病〟はピタリと止み、二人もぼくも安心して眠れるようになった。

そのうち、もう一押しドンドンしてみようかなあ。そしたら、また部屋の中で一緒に寝かせてもらえるようになるかも……？

でも、ぼくが具合が悪い時なんかは、二人とも夜通しついていてくれるし、これ以上わがままを言う楽しみは、もっと後にとっておくことにしよう。

その翌年の、ぼくが八才の秋。

結婚十周年を迎えたパパさんとママさんは、結婚式を挙げた軽井沢の教会まで、記念のドライブをしようとの計画をたてた。もちろん、ぼくも一緒である。

あの箱根へのドライブの後、パパさんは、いったん大きめの車に買い換えた。ところが、それでも、ぼくの耳は天井につかえて曲がってしまう。

「ムサシは、普通の乗用車じゃダメだなあ」

ついにあきらめたパパさんは、その後は、ミーハーよろしくスポーツカーに乗り換え、ぼくを乗せる時は、レンタカーで、ワゴン車などを借りることにしている。

そんなわけで、今回もレンタカーに乗り込んだぼくたちは、十月十一日の結婚記念日より約一カ月あとの十一月九日、張り切って、軽井沢へと出発した。

せっかく軽井沢まで行くのだから、本当はどこかに泊まりたいところだが、貸し別荘はシーズン・オフだし、*ふつうのホテルには、ぼくが入れない。レストランも犬はお断りなので、車の中には、ママさんが作ったまぜごはんのおいなりさんや、お茶や水、おやつなどをたくさん積みこんだ。

家を発ったのは夜明け前の四時近く。あたりはまだ暗く、空にはどんよりと雲がたれこめている。

東京を抜け、関越自動車道の高崎インターチェンジあたりでやっと夜が明けた。雲間からところどころ日がさし、しだいに青空ものぞいてくる。

「よかった！　お天気になりそうよ」

ママさんが、うれしそうに言った。

ぼくは相変わらず落ち着かなかったが、車内が広いせいか、動きまわってもあまり気にならない。たいした渋滞にもひっかからず、なかなか順調なドライブである。

碓氷峠を越え、水色の空をバックに真っ白な雲を頭に乗せた浅間山が見えてくると、いよいよ軽井沢に入る。

「わあ、きれい！」

ママさんが歓声を上げた。

いつもの年より一カ月も遅いという紅葉がちょうど真っ盛りで、赤や黄、えんじ色に染まった木々が、錦絵のようにあたりを彩っている。（と、ママさんは言う。ぼくたち犬は色盲なので、残念ながらそのへんは楽しめないが……）

ぼくたちは、中軽井沢の星野方面に向かう。

十年前、パパさんとママさんが式を挙げたという軽井沢高原教会『星野遊学堂』は、白樺や針葉樹の美しい木立の中にあった。


*当時はそうでしたが、その後、軽井沢でもペット同伴可能のホテルやレストランがふえたようです。

「なつかしいわあ」

感激するママさん。

その日も『挙式中』の札が出ていた教会の前で、ぼくたちは記念写真を撮り、それから、落葉をさくさく踏んで、教会の庭や近くの山道を散歩した。

カラマツ林から真っ赤にのぞく紅葉、落葉がこぼれかかる木のテーブルや丸太の腰掛け、あちらこちらに何気なく置かれている赤と白の馬車……、木立ちの樹々の香りを吹い込むと、すがすがしい空気が、身体のすみずみまでしみてくる。

三脚をたてて写真もたくさん撮った。

二人のロマンスに参加したぼくは、なんだかくすぐったい気分である。

ホテルの売店にジャムを買いに寄ったママさんが、披露宴を行なったレストランの壁に、十年前と同じ熊の飾りがあったと、はしゃいで報告した。

夕方の渋滞にひっかからないうちにと、早めにひきあげることになり、他をいろいろ見ることはできなかったが、パノラマのように広がる紅葉の山々を眺めながら、ぼくたちは大満足で帰り道についた。

でも……、二人にはナイショだが、その日ぼくが一番うれしかったのは、やっぱり家に帰った時だった。

さて、そんなことがあった次の年の夏。

軽井沢高原教会「星野遊学堂」前で（'90 8才）

ぼくは、薬害の恐さを身をもって経験することになった。

原因はダニよけ首輪。ダニ退治に何か効率のよい方法はないものかと、お医者さまに相談したママさんは、ダニよけ首輪というものをすすめられた。ゴムのような感触の黄土色の細い首輪で、それを巻いていれば、薬品が少しずつ出て、ダニをよせつけないという。

試してみると、たいそう効果あらたかで、ダニはたちまち全軍撤退。

「すごいわあ。よかったねえ、ムサシ」

ところが、喜んだのもつかの間。その首輪をつけたぼくは、だんだん食欲が落ち、皮膚のあちこちが赤くただれてきてしまったのだ。

もしかして首輪の薬品のせいでは？　と、心配になったママさんは、お医者さまに聞いてみた。が、首輪のせいなら、ただれは首の周りに集中するはずとのこと。

じゃあ原因は別なのかしら……？　帰ってきたママさんの目に、たまたま広げた新聞の記事が止まった。

『農薬露出の危険な首輪、死亡例もあり』

掲載の写真を見てゾッとした。それは、ぼくがつけている首輪そのものだったのだ。

「たいへん！……ムサシ、ごめんね」

ママさんは大あわてで首輪をはずすと、ぼくの身体を必死にシャンプーした。しかし、身体にしみついた薬品の匂いは、洗っても洗ってもなかなかとれない。

その頃、お隣りのTさん宅でも、ブチ君のあと家族の一員になっていたコッカースパニエルのゴンちゃんが、やはり同じダニよけ首輪を使用して首の周りがただれ、奥さんも指の皮がむけたりして、たいへんだったそうだ。

安易なダニ対策を後悔したママさんは、再びおサルのかあさんに復帰。

その後、ハウスの周りにペット用の虫よけスプレーを吹き付けたり、虫よけシャンプーを使ったりすることで、ダニだけではなく蚊にもかなりの効果があることがわかり、ママさんはこまめにそれを実行している。

ところで、ダニよけ首輪の副作用が長引いたぼくは、一時期、やせてかなり体力が弱ってしまった。

心配したパパさんとママさんは、何とか栄養をつけなくてはと、ウナギの蒲焼きを（お湯で表面のタレを洗い流して）ごはんにまぜてみた。ビタミンAが豊富なウナギは、犬にもいいだろうと考えたのだ。

ぼくはたちまち気に入り、それから毎週日曜日は、ウナギごはんというメニューが定着した。

その効果かどうか、毛並のつやも戻り、すっかり元気を取り戻したぼくは、夏バテもせずに、満十才の誕生日を迎えることができたのである。

31、幸福

どんなに大事にされても慈しまれても、ぼくたち犬の寿命は、人間よりはるかに短い。

パパさんと走る！（'91 9才）

それは動かすことのできない、厳しい自然の掟である。だから、どうか、ぼくたちが早く逝ってしまうことを、かわいそうだなんて思わないでほしい。

ぼくたちにとって、幸福とはいかに長く生きるかではなく、いかに充実した生き方をさせてもらうかにかかっているのだ。

あえて、させてもらうと言ったのは、ぼくたちの運命はほとんど、飼い主に支配されているからだ。

ぼくたち犬は、人とわかち合える〝心〟を持った動物である。

たとえどんなに長く生きられても、家の誰にもかえりみられず、ただつながれっぱなしの寂しい一生は哀れだし、命の長短にかかわらず、いつもご主人と心を通わせて生涯を終えた犬は、みんな幸せである。

ぼくが天命を全うする時、パパさんもママさんもきっとものすごく悲しむだろう。

でも、それが二人の過失からでない限り、ぼくの一生は幸せだったと信じて、思い出の中のぼくに、笑いかけてほしい。

その日まで、二人と一匹はしっかり心を結んで、思い出になる宝物をたくさん積み上げるのだ。

「ムサシ、おいで！」

パパさんとママさんが呼んでいる。

ムサシ、十才の夏。今、ぼくはうんと幸せである。


（一九九二年　夏　十才まで）

32、天国からのメッセージ

それからさらに二年がたち、ぼくは、大好きだったリビング・ルームの、『メモリー・ボックス』の中で、これを書いている。

この二年間、またいろいろなことがあった。

いちばんうれしかったのは、あれからすぐ、パパさんやママさんと、一緒に寝るようになったこと。〝ドンドン〟をし続けたかいがあったのだ。

ぼくは、ママさんのフトンの上が大好き！

毎晩、子守歌を歌ってもらいながら、安心してぐっすり夢の国へ……。

そのかわり、平日は、朝食の用意をしたり、パパさんのお弁当を作っているママさんを決してじゃましないし、休日には、二人の寝坊にもとことんつき合う。

「ムサシは、そばにいて、ちっともじゃまにならない子ねえ」

ママさんがほめてくれる。

でも、それは、パパさんやママさんを独占しているときだけ。

二人と一緒に過ごす時間が長くなったぼくは、ママさんが出かけたり、ぼく以外のことにかまけたりするのが、ますますいやになった。

掃除やお料理などの家事はかまわない。ママさんが家にいるというしるしなので、むしろ安心して見ている。

ぼくがこたえるのは、たとえば、お客様や、平日にママさんが出かけたりすること。

騒いだり文句を言ったりはしないが、とたんに元気をなくしたり、お腹をこわしたりと、身体の方に反応があらわれる。

ママさんが書き物をするのも嫌いだ。そばにいても、気持ちがどこかに行っちゃうから……。

ママさんが書きはじめると、ぼくは自分の手のうらをかじりたくなり、気持ちをこちらに戻してもらうまでやめない。（ただし、ぼくの日記の代筆をしてもらうときだけは、よろこんで協力するゲンキンなぼく……）

ぼくの手は、包帯とテーピングをする日が多くなってしまった。

「ムサシ、お手てがなくなっちゃうわよ」

こまったママさんは、書くのはぼくが眠っているときを見計らい、どうしてもというとき以外は、お客様や外出もひかえて、たいてい家にいるようになった。

みなさん。ぼくのために、ママさんたちとのつきあいが不自由になって、ごめんなさい。

さて、十一才三ケ月を過ぎた頃、ぼくは突然、血尿に見舞われた。

ママさんは、ぼくのシーシーをコップにとって、お医者さまへ飛んで行った。

膀胱炎らしいとのことで、消炎剤や抗生物質を飲み、一時はよくなったものの、薬をやめるとまた繰り返す。

「ウーン……膀胱に何かできているのか、それとも、結石でもあるのかもしれませんねえ」

お医者さまのすすめで、ぼくは、麻酔をかけて検査を受けることになった。

朝から絶食、絶水して、パパさんの車に乗り、朝いちばんにお医者さまに到着。

パパさんやママさんにつきそってもらい、まず鎮静剤、十五分後に麻酔を打たれたぼくは、たちまち腰の力が抜け、意識がもうろうとなった。

検査は、お医者さまが肛門から指を入れての触診にはじまり、レントゲン、血液検査など……。

麻酔がかかったまま家に連れて帰られたぼくは、目が覚めたとき、とってもへんな気持ちだった。立とうと思っても、フラフラして力が入らない。

「まだ麻酔が残ってるのよ。ちゃんと一緒にいるから、安心してねんねしなさい」

ママさんに言われ、もう一眠りすると、こんどはちゃんと起きられるようになった。

夕方、ハラハラしながら検査の結果を聞きに行ったパパさんとママさんは、ホッと胸をなでおろした。

幸い結石や悪い腫瘍などは見つからず、フィラリアもマイナスである。ただ、前立腺が卵大ほどに肥大しているとの診断だった。

「これは、犬でも人でもある程度の年になると、よく見られるんですよ」

お医者さまの説明によると、前立腺肥大症は、症状・治療ともに、人も犬も同じだそうだ。いちばん効果的な治療方法は手術。しかし、パパさんやママさんもお医者さまも、ぼくの性格と精神的負担を考えると、それは不可能と判断。

「とにかく、貧血しないようにだけ注意して、血尿のあるときは、副作用が出ない程度にステロイドと抗生物質を使って、様子をみてみましょう」

お医者さまは、副作用のない止血剤のパウダーもくださった。

ママさんは、毎日のぼくのおやつのクッキーに、貧血防止によいというモロヘイヤパウダーや黒砂糖を混ぜて焼き、食事も、鉄分、βーカロチンなどを多く含む野菜を、レバーといっしょに煮込んだりした。

一時はムキになって栄養を採りすぎ、ちょっと太めになってしまったぼく。過ぎたるは及ばざるが如し……、反省したママさんは、こんどは栄養とカロリーのバランスを考えながらのメニュー作りにつとめた。

ところで、前立腺肥大症で血尿になるはずがない、と主張する人もいる。

心配になったママさんは、北里大学医学部泌尿器科の先生が書かれている『おなかを切らずに治す前立腺肥大症』（成美堂出版）という最新版の本を買ってきて、にわか勉強。

その本の中には、肥大した前立腺は血管が太くなっており、それが充血したりすると、ちょっとした刺激で強い血尿が出ることがある、と書いてあった。

「あった！　これだわ」

パパさんとママさんは、お医者さまとも相談して、本にも紹介されていた『セルニルトン』（スウェーデンで採取された8種類の花粉のエキスから抽出された植物製剤）も併用してみることにした。

前にも述べた通り、ぼくは薬を飲むのはきらいじゃない。

カプセルや錠剤はそのまま、止血剤のパウダーは、黒砂糖をぬるま湯でとかしたものに混ぜてもらい、喜んで飲んだ。

血尿は一進一退だが、それ以外はいたって元気なぼく。

食欲は旺盛だし、目も鼻も耳も歯も健在。記憶力や頭のめぐりだって衰えないし、ママさんが毎日、ブラッシングや、お湯ぶきや、手ぐしのマッサージをしてくれている毛並は、自慢したいくらいツヤツヤだ。ただし、長い距離のお散歩は、さすがに疲れる。さらに、お散歩に行きたい日と、行きたくない日がでてきたぼくは、そのことを意志表示するようになった。

「ムサシ、お散歩に行こうか?」

パパさんたちが言うと、行きたい日はタッタッと玄関に向い、行きたくない日はママさんの足に顔をすりつけながら、床にごろんとなる。

二人はぼくの意志に従い、お散歩に出たときも、調子を見ながら距離を調整した。

その頃のママさんの日記には、〈ムサシが病気になったときの決心〉というページがある。

(1)入院や手術は避ける

人間とちがい、なぜ一人で病院のオリにいれられるのかわからない動物にとっては、たとえ短期間でも、家族から引き離される精神的苦痛は、病気の苦痛より酷だと思う。

(2)無理な延命はしない

(1)にも通じることだが、ただ機械的に命を引き延ばすのは、飼い主のエゴである。人間の勝手な都合による安楽死には絶対反対だが、天命に従う勇気は持たなくてはならない。

(3)痛みや苦しさは全力で取り除く

犬は愛情で生きる動物といっても過言ではない。薬や注射だけではなく、そばにつきそって、できるだけスキンシップしてやることも、回復の力になるのではないだろうか。

パパさんとママさんが話し合って決めた、心構えである。

しかし、そんな心配をふきとばすように、一九九四年八月二十日、ぼくは、めでたく満十二才の誕生日を迎えた。

今年も、ママさん手作りのシェパード・パイとチーズケーキ、そしてかつおぶしでお祝い。

「よーしムサシ、この調子で、めざせ二十才だ！」

パパさんが、一なめ分のビールをすすめてくれながら、気合いを入れる。

記録的な猛暑の夏だったにもかかわらず、ぼくはとても元気で、二人を安心させていた。


そんなある夜。

いつものようにママさんのフトンにのったぼくは、大胆な試みをした。

ぼくの足をふいたタオルを、ママさんがランドリーボックスに入れに行っている間、ママさんのフトンの上に、シーシーをしたのだ。

「あらー、ムサシ、どうしたの？」

びっくりしたママさん。

だって、子犬の頃いっぺんだけ失敗しそうになって叱られて以来、家の中でそそうなどしたことがなかったぼくなのだ。

「ムサシは、行きたいっていわなかったの？」

きかれたパパさんも、ママさんが戻ってくるまで、ぜんぜん気づかずにいたと言う。

「前立腺が悪化したのかしら？」

「いや……体調のせいっていうより、なんだか、わざとしたみたいじゃないか？」

ぼくは、汚したフトンを見せるように横におすわりして、どうだい？　という顔をしている。

そのときママさんは、ふと思った。

（これは、ここには他の犬をのせちゃぜったいイヤだよ、という、ムサシのナワバリ宣言なんじゃないかしら……？）

二人はぼくを叱らず、ママさんは、心の中でぼくに約束した。

（ここはムサシだけの場所だから、安心してね）

試みは大成功！

「生涯一犬」と決めて、ぼくを育てたパパさんとママさんに、ぼくの最後の思いは、ちゃんと通じたのだ。

ぼくは、ガーガーとごきげんの声を出して甘え、ママさんたちの顔を満足そうに見上げた。


そして、その翌日。

ついに、ぼくの、最初で最後の〝出発〟のときがやってきた。

この日を迎えるにあたって、ぼくは、神様にいろいろとお願いをしていた。

二人と一匹の最後の写真（'94 12才）

☆「犬」年生まれのぼくは、今年でちょうどひとまわり。はりきってぼくの写真入りの年賀状を作ってくれた二人に応えるため、十二才の誕生日だけはクリアさせてください。
☆ママさんが日記に書いていたような心配をかけたくないので、〝出発〟の直前まで元気でいさせてください。
☆確実に二人に見送ってもらうため、〝出発〟の日は、パパさんの会社の夏期の変則的休暇の最後の日を選ばせてください。（まん中だと、二人のせっかくのお休みの楽しみをへらしてしまうから……）
☆家の中には楽しい思い出だけを残したいので、〝出発〟の地点は、すこし外にはずさせてください。
☆残ったパパさんやママさんをよろしく頼みたいので、おトナリのTさんやFさんなどに予告のテレパシーを送り、一緒に見送ってもらえるようにさせてください。
等々……

しんせつな神様は、ぼくに、その通りを実行させてくださった。


八月三十日、夜九時半すぎ。

ぼくはパパさんとママさんと共に、はりきってお散歩に出かけた。

玄関で胴輪をするとき、お別れにぐるりとあたりを見回したぼくに、ママさんが不思議そうに聞く。

「ムサシ、何を見ているの？」

いいのいいの……ぼくはママさんの顔をなめると、引き綱を持ったパパさんについて、タッタッと足取りも軽く玄関を出た。

近くの小学校の石垣の下にさしかかったところで、反対側の歩道を二匹のビーグル犬を連れた人が歩いてきた。最近は、攘夷論者のぼくがムダに体力を消耗しないように、他の犬の散歩の時間をはずしていたので、久しぶりの敵との遭遇である。

ウウー、ワンワンワン！

ぼくは、パパさんもびっくりするような力で引き綱を引っぱった。

「こらこら、年寄りの冷や水だぞ」

年なんて関係ないもん、ウー、ワンワン！

「ムサシ、疲れちゃうわよ。今日はもうお家に帰りましょう」

心配したママさんたちは、ビーグルたちが通り過ぎるのを待って、家に引きかえすことにした。

ぼくは疲れた様子も見せず、若い頃のようなしっかりとした足取りで、パパさんたちをリードするように歩いて行く。

「ムサシ、今日はずいぶん元気だなあ」

パパさんたちが喜び、家のすぐ近くまで引きかえしたときだ。

ぼくは、ふいに目の前が真っ暗になった。パパさんの足元にバタッと倒れ、走っているときのように、二、三度手足をばたつかせた。

「ムサシッ！」

「どうしたのっ？」

驚きあわてた二人が、ぼくの上にかがみこむ。舌をはさんでくいしばったぼくの口を、パパさんが必死にこじあけた。

「どうしよう……、とにかくお医者さまを……」

パパさんは、隣りのTさんのインターホンを押して、お医者さまをよんでもらうように頼み、毛布をとりに家にとびこんだ。

「ムサシ、しっかり！」

ママさんが、すでに意識のないぼくの上半身を、ひざの上に抱き上げる。

毛布を持ったパパさんが戻ってきたとき。

車をよけるため、ぼくをかかえてけんめいに道路の端へと移動したママさんの腕の中で、フーッ……フーッと、二度強く息をついたぼくは、そこで、いのちの境界線を越えた……。

「ムサちゃん、しっかりするのよ。いま、お医者さまを呼んだからね」

電話してくれたTさんの奥さんも飛んで来て、毛布にのせられたぼくは、家の前に運ばれた。

そこにちょうどFさんご夫婦が車で帰宅し、びっくりしてかけよってきた。

「まあ……きのう、なんだかムサシの日記を読み返したくなったり、家族でムサシの話をしたりしてたのよ……」

と、Fさんの奥さん。

「うちでも、さっき息子が、ふっとへんな予感がするって言ったばかりだったのよ」

Tさんの奥さんも言い、ぼくのテレパシーは、ちゃんと伝わっていたらしい。

「先生、遅いなあ……はやく、はやく」

ママさんのひざに頭をのせたぼくを囲み、みんなが、じりじりとお医者さまを待つ間、パパさんは、心臓が止まってしまったぼくの胸を、何度も何度も押し続けた。

「ムサシちゃん、こんなことでまいっちゃダメよ」

Tさんの奥さんが、ぼくの手をさすりながら励ましてくれ、Fさんご夫婦も「がんばって」と声をかけてくれる。

しかし、ようやく到着したお医者さまは、みんなの期待もむなしく首をふった。

「心臓マヒですね……」

ぼくは、毛布に横たわったまま、大好きなリビング・ルームに運ばれた。

お医者さまや見守ってくれたみなさんが、おくやみを言って帰っていく。

パパさんとママさんは、ショックで胸がつぶれる思いで、ぼくのそばにくずれ込んだ。

二人とも、びっくりさせてごめんね。でも、ぼくは、ちっともかわいそうなんかじゃないよ。痛みも苦しみもなく、パパさんとママさんといっしょの楽しいときに〝出発〟できたんだもの。二匹のビーグルと出会って興奮したのが心臓に響いたとしても、それは、ぼくを、じょうずに〝出発〟させるための神様のおはからい。そう思ってよね。

「ムサシ……」

二人の言葉はすべて涙になって、ぼくの顔にポタポタふりかかる。

ママさんは、ぼう然としたまま、まだぬくもりの消えないぼくの身体を、お湯をしぼったタオルでふき、パパさんは、ビールでぼくの口をしめした。

二人は一晩中ぼくにつきそった。

ママさんは、ぼくが好きだったクリスマスの柄の布で、二人の髪の毛を入れたお守り袋を縫い、二人と一匹で写した数枚の写真とともに、青いりぼんにつけて、ぼくの首にまいた。

「みんな、一緒にいるからね……」

ぼくは、とても安らかな顔で眠っている。

ふだんぐっすり寝ているときとかわらないので、本当は生きているのでは？　と、ママさんは何回も確認したほどだ。

東の空が白む頃、夜通しつけていた明りを消したママさんが、ハッとしたように言った。

「みて……ムサシの背中が、キラキラしてる……」

「あ、ほんとうだ……」

昇りはじめた朝日の魔法か、ぼくの背中の黒い毛が、まるでダイヤモンドの粉をちりばめたように、キラキラと透明に輝いていたのだ。

「きれいなムサシ……」

ママさんが、そっとなでる。

「こんなにオシャレして……」

そうだよ。ママさんが、毎日毎日、心を込めて手入れしてくれた毛並だもの。最後にせいいっぱい輝いてみせなくちゃね。

こうして、幻の中のような一晩が明け、お日さまもすっかり高くなった翌日の午前十時前。

ぼくはパパさんの車に乗せられ、ママさんのひざに頭をもたせながら、お散歩コースだった『風の道』、『空の公園』、『ススキの原』、『星の道』、『モミの木の公園』などをまわって、近くの横浜霊園へと向かった。

「ムサシはさびしがりやだし、犬猫ぎらいだし、ペット霊園のお墓に入るのは、ぜったいイヤがるわ……」

二人は、ぼくのお骨は、家に連れて帰ると約束した。

ママさんとパパさんのお守り袋と写真を抱き、お気に入りだった毛布に包まれたぼくの身体が、お棺に入れられる。

二人にとって、いちばんつらい瞬間である。

「お骨は、全部ひきとらせてください」

パパさんが頼むと、霊園の人は、「じゃあ、ペット用では小さすぎますねえ」と、人間用の大きな骨壺を用意し、それを納める立派な木箱もつけてくれた。

「ムサシ、すぐにお家に帰れるからね」

「ちょっとだけ、がまんするんだぞ」

残暑の厳しい日差しの中、煙になって空に昇って行くぼくを、じっと見守るパパさんとママさん……。

そして、約一時間後。

お骨になったぼくは、二人の手で骨壺に入れられ、はじめて家に連れて行かれた子犬のときのように、ママさんに抱かれて家路についた。

「ムサシ、これからもずっと一緒よ……」

途中お医者さまのところに寄って、お礼と報告をする。

先生、十二年間、お世話になりました。

ぼくのお骨は、いつも遊んだり、二人と一緒に寝ていたリビング・ルームに置いてもらうことになった。庭に埋めてあげたら？　という人もいるが、ぼくは家の中の方が好きだったし、もし将来、二人がどこかに引っ越すようなことがあったら、必ず連れて行ってもらいたいので、この方がいい。

「ムサシ、今日はとりあえずここで休んでね……」

家に着くとママさんは、仮の居場所にと、ぼくが好きで座っていたイスの上に毛布を敷いて、お骨の入った箱をのせた。

そばのテーブルにお花を飾り、パパさんがビールを供えてくれる。

「ムサシ、小さくなっちゃったなあ……」

「さびしいね……」

ぼくのそばにすわりこんだ二人が、ヌケガラのようになっているその日のうちにも、ご近所の方々や、ぼくの訃報を伝えきいた人たちから、お花やおくやみの電話、電報などが、続々と届きはじめた。

『幸せいっぱいの思い出をいつまでも……』『ムサシくんのやさしい瞳が永遠でありますように……』『ムサシくん、元気にお空をかけまわってね』……、カサブランカ、コスモス、カーネーション、レースフラワー、ブルースルレイ、まつむし草、トルコききょう、デンファーレ、菊、りんどう、カラー、スターチ、オンシジウム、ｅｔｃ……花束や篭にきれいにアレンジされたお花が、心のこもったメッセージと共に送られてくる。

びっくりしたママさんは、家中の花瓶や壷を総動員し、ぼくのまわりは、たちまち色とりどりのお花で埋められた。

「すごいな……ムサシって、人気者だったんだ」

パパさんが感心する。

遠くからわざわざおまいりに来て下さる方、ぼくへの追悼のテープやビデオを作って下さる方……、電話やお手紙などのお悔みも、それから毎日のように続き、部屋いっぱいにたちこめたお花の香りと、みなさんのやさしさが、二人を励ました。

世の中には、たかが犬……という人もいる中で、ぼくたちは、なんて心あたたかい人たちに囲まれているることだろう。

押さえても押さえても波のように繰り返す悲しみの発作の中で、パパさんとママさんは、ぼくたちが本当にしあわせだったことを、あらためてかみしめた。


翌々日まで会社を休んだパパさんは、ママさんを連れて、家具屋さんへと出かけた。ぼくのお骨を安置する『メモリー・ボックス』になるものを探しにである。

ぼくに関することをするときだけ、ママさんもなんとか力が出る。

二人が入ったのは大船にあるM店。いつもステキな家具が並んでいる二人のお気に入りの店だ。

「あ……これはどうかしら？」

ママさんが目にとめたのは、スペイン製の明るい茶色の木製の電話台。

両側がしゃれたカーブをえがくまん中の段は、ぼくの大きな骨箱をおさめるのにピッタリの高さがあり、いちばん上には、写真や一輪差しも置ける。かわいい花の絵のタイルをはめこんだ下の開き戸は、首輪や胴輪や食器などの遺品を入れるのにちょうどよく、その上の引出しには、日記や小物も入れられる。

「きっと、ムサシが、これがいいって選んだのよ」

ママさんの確信にパパさんも賛成し、ぼくは、それを買ってもらった。

リビング・ルームに運んでみると、まるで以前からそこにあったように、しっくりくる。

「ムサシ、気に入ったかな？」

ママさんは、えんじとベージュの地に薔薇の小花模様を散らしたパッチワーク風の布で、お骨の入った箱を覆う袋を縫い、ぼくは、それに包まれて『メモリー・ボックス』に安置された。

またママさんは、同じ布で、パパさんとママさん用に、小さなきんちゃく袋を二つ作り、プチ・ボックスに分骨したぼくを入れて、どこにでも連れて歩けるようにした。

これでぼくは、いつでも二人と一緒である。

パパさんは言う。

「亡くなった者は、こちらが忘れないかぎり、ずうっと心の中で生き続けているんだよ」

悲しみと寂しさで痛むだけ痛んだパパさんとママさんの心の中には、天国のぼくに通じる小さな扉ができた。その扉を通って、ぼくは、これからも自由に行ったり来たりするだろう。

この十二年間、パパさんとママさんがぼくにくれたもの、ぼくが二人にあげたもの……、一つ一つはささやかで、失敗や迷いもあったけれど、そのどれもが、本物の〝心のおくりもの〟だったと、ぼくは思う。

そして、二人と一匹が積み上げてきた宝物がますます輝くように、パパさんとママさんとぼくの、新しい毎日がはじまるのだ。

庭の、ぼくがよく座っていた場所に置かれた、ピンクと白の日々草の花が、秋風に揺れている。

ぼくの名前はムサシ。

「犬」年に生まれ、十二才と十日をせいいっぱい生きて、「犬」年に天命を全うしたぼくは、いま最高にしあわせである。


（一九九四年　秋　〈完〉）

あとがき

山部 ムサシ

ぼくのおしゃべりにおつき合い下さって、ありがとうございます。

一九九四年にぼくが十二才と十日で犬生を全うしたとき、ママさんは、悲しみを思い出の宝物と置きかえるように、ぼくの子犬の頃から代筆をしてきた日記にイラストも描き加えて、手作り本にまとめました。それから十四年が経ちましたが、ぼくは、今もずうっと、パパさん&ママさんの心の中で生き続けています。

最初にこの本を正式に出版して下さったのは、新風舎さんでした。

十年目の命日が近づいた二〇〇四年の夏、ママさんが、心の中のぼくに相談を持ちかけました。

「ねえムサシ、ムサシのおしゃべり日記を、何度も読み返して下さる方が多いでしょう？　今年は十年目の命日だし、特別のご供養ということで、正式な出版を考えてみない？」

「う〜ん、いいけど……でも、内容は絶対に書きかえないでね」とぼく。

それまでも、ぼくの日記を子供向きに書きなおしてみませんか？　などのお話があっても、これだけは、内容もスタイルも変えたくないので……と、手作り本のままを大事にしてきたのです。

「了解！」と約束したママさんは、たまたま新聞で目にとまった新風舎出版賞に、手作り本を丸ごとエントリー。ラッキーなことに出版推薦作に選んでいただき、一番のこだわりだった〝内容はそのままで〟正式な本にしていただけたのでした。正直言うと、ぼくは二人&一匹だけの静かな世界が好きなのだけど、パパさんの応援に励まされ、代筆者のママさんにも共著ということで付き添ってもらって、いざ出航——！

おかげさまで、たくさんの方にお読みいただき、動物や犬がお好きな方だけでなく、子育て中の方々からも思いがけなく共感をいただきました。また、大切な身内を亡くされた方や、病気で療養中の方々が、ぼくのおしゃべりを、ひとしずくのお心の慰めにして下さったこともおききして、胸がキュン……となる思いでした。皆様と分かち合えた喜びや涙は、ぼくたちのかけがえのない心の宝物です。

当時の新風舎出版プロデューサーのTさんや編集のUさんはじめ、スタッフの皆様にも良くしていただき、HPも作っていただいて、ママさんと一緒にブログも楽しく続けていたのですが……なんと新風舎さんがなくなる!? という緊急事態が発生! ぼくの本も、もうすぐ増刷になるかもしれなかったのに、残念〜と思っていましたら、助け舟を出して下さったのが文芸社さんでした。

文芸社さんには、二〇〇二年にはママさんのクリスマスの童話『心のおくりもの』を、そしてこの十月には新刊の『十二の動物ものがたり』も出版していただいています。そんな良いご縁のあるところで再出版をしていただけるなんて、ぼくも幸せです。再出版物にもにもかかわらず、熱意をもって厚遇して下さった出版企画部部長の坂場明雄さん、ぼくたちのこだわりの〝内容はそのままで〟素敵に〝衣替え〟をして下さった編集部の加納美穂さんや文芸社のスタッフの皆様、そして、新風舎版に続き、かわいい装丁をして下さったデザイナーの櫻井ミチさんも、本当にありがとうございました。

日記でもお話しした通り、ぼくたちは横浜に住んでいましたが、ぼくが天命を全うした一年半後に、パパさんが金沢工業大学に着任して、我が家も金沢へと大移動しました（もちろんぼくのお骨も一緒です♪）。でも、パパさんやママさんは、いつも心の中のぼくに話しかけたり、おやつを作ってくれたり、行事なども生前と同じように一緒に楽しんでいるので、二人&一匹の生活は基本的には何も変わっていません。

この日記の中には、ぼくたちを見守って下さった方々の温かなお気持ちが、いっぱい散りばめられています。世の中はいろいろなことが急速に進歩し、少しせちがらくなったようですが、皆様からいただいた優しさの輝きは決して消えることはありません。お世話になった皆様に、そして、新風舎版から文芸社版に〝衣替え〟した本書を手にして下さった皆様に、心いっぱいの「ありがとう」を申し上げながら、おしゃべりを結びたいと思います。どうぞこれからも、二人&一匹と末長く仲良くして下さいね!

二〇〇八年　秋

Musashi

ぼくと家族の紹介

山部《やまべ》ムサシ

1982年、愛知県豊橋市生まれ。ドイツ・シェパード犬。オス。毛種：ブラックタン。血統書名：Unfried（ウンフリート）
生後2カ月のとき横浜に来て、パパさん＆ママさんと出会う。ムサシと名づけられ、家族の一員となる。
1994年8月30日、12才と10日で天命を全うするが、それからもずーっとパパさん＆ママさんの心の中で生き続けている。
本書はママさんの代筆で、はじめは3才3カ月までの日記を書き、10才で再編、天命を全うしたときに完結編として手作り本にまとめていたもの。

山部《やまべ》京子《きょうこ》（ママさん）

1955年、宮城県仙台市生まれ。現在石川県金沢市在住。

主婦・児童文学作家。日本児童文芸家協会会員。動物文学会会員。本書の代筆者。イラストも。

宮城学院高等学校卒業後、ヤマハ音楽教室幼児科＆ジュニア科の講師を7年ほど勤める。結婚と同時に横浜に住み、ムサシと出会う。

ムサシが天命を全うした後、金沢市に移り現在に至る。

子供のころから、犬や動物と音楽や読書が大好き。1989年少女小説でデビュー。そのきっかけも、ムサシの日記の3才3カ月までの一部を出版社に見せたことから。

『あこがれあいつに恋気分』（1989）、『あしたもあいつに恋気分』（1991）〈共にポプラ社〉、『心のおくりもの』〈文芸社〉（2002）、『わんわんムサシのおしゃべり日記』〈新風舎〉（2005）、『夏色の幻想曲』〈新風舎〉（2007）、月刊誌『プラズマ』〈芸術生活社〉に（2000年7月～2001年6月までの1年間）動物に関する短編を連載していたものを『12の動物ものがたり』〈文芸社〉（2008）として刊行。

山部《やまべ》昌《まさし》（パパさん）

1953年、大阪府大阪市生まれ。現在石川県金沢市在住。

大学教授。

東北大学大学院修了後、日産自動車（株）中央研究所に入社。17年間勤める。

1990年工学博士号取得。1996年金沢工業大学教授に着任。現在に至る。専門は、機械工学・材料工学。車と犬とスポーツが大好きな体育会系人間。

1989年英国NEL論文賞。1996年プラスチック成形加工学会技術賞。

理工学関係の著書（国内外の論文）多数。

本書は2005年６月に新風舎より刊行された単行本に加筆・修正を加えたものです。

わんわんムサシのおしゃべり日記

2008年11月15日　初版第１刷発行

著　者　山部ムサシ＆京子
発行者　瓜谷 綱延
発行所　株式会社文芸社
〒160-0022 東京都新宿区新宿１－10－１
電話 03-5369-3060（編集）
03-5369-2299（販売）

印刷所　松澤印刷株式会社

ISBN978-4-286-05683-8